AF390988

APERÇU

SUR

LA CULTURE ET LA COLONISATION

DE

L'ALGÉRIE

PARIS. — IMPRIMERIE DE H. FOURNIER ET Cᵉ,
RUE SAINT-BENOIT, 7.

APERÇU

SUR

LA CULTURE ET LA COLONISATION

DE

L'ALGÉRIE

SUIVI

D'UN PLAN D'ÉTABLISSEMENT AGRICOLE

PAR

MM. E. RAMEAU ET L. BINEL

Nous nous proposons d'étudier dans l'expérience
actuellement acquise des frais et des produits,
ce qu'on a droit d'espérer pour l'avenir.

PARIS

LIBRAIRIE DE THÉOPHILE BARROIS

QUAI VOLTAIRE, 13.

1844

INTRODUCTION.

Jeunes et inconnus, nous ne pouvons entrer en matière sans donner au lecteur quelques explications sur nous-mêmes, sur notre but, et sur l'aperçu que nous présentons.

Nous ne prétendons ici édifier aucune théorie sociale ou politique sur l'Algérie. On ne trouvera dans cet écrit ni conceptions nouvelles, ni considérations philosophiques sur les importantes questions que peut présenter ce pays. Nos travaux sont plus humbles et plus vulgaires : il ne s'agit que d'un exposé de prix et de faits placés dans un ordre méthodique, afin d'arriver à une conclusion pécuniaire et pratique.

Nous ne sommes ni de profonds économistes ni de grands spéculateurs, mais simplement de bons propriétaires tout à fait inconnus. Las de dépenser beaucoup et de travailler plus encore sur un sol usuraire pour aboutir aux plus minces produits, nous avons voulu porter au moins une partie de nos forces sur une terre plus fructueuse. Pensant que bien d'autres, comme nous, supportaient péniblement une position pareille, nous avons cru, en éclairant les esprits par les renseignements et les faits les plus positifs, rendre un éminent service à tous ceux qui traînent laborieusement les ingrates charrues de notre pays, et ouvrir à leurs industrieux efforts une voie nouvelle, non moins pénible peut-être, mais plus bienfaisante et meilleure rémunératrice des travaux.

D'un autre côté, beaucoup ont une famille ou des intérêts qu'ils ne peuvent abandonner ; d'autres sont placés
dans une position trop aisée et trop douce pour vouloir
sacrifier leurs paisibles loisirs aux embarras d'une spéculation. Cependant, combien parmi eux portent à l'Algérie
le plus vif intérêt, et sentent qu'il y a là de belles choses
à réaliser, tant pour la patrie que pour leur fortune !
Mais, impérieusement attachés à leurs foyers, ils sont
obligés de couper court à toutes ces idées. A ceux-là,
nous avons cru rendre aussi un bon service en leur
offrant un moyen de concilier, avec les nécessités qui les
retiennent au milieu de leurs intérêts ou de leur famille,
cette conviction juste et fondée qui les pousse à opérer
en Afrique. Ce moyen, c'est une société destinée à établir une ou plusieurs exploitations en Algérie.

Si quelquefois, en France, après beaucoup de travail,
de méthode et de longue patience, on parvient, malgré
le prix exagéré des propriétés, à réaliser des opérations
bonnes et enfin fructueuses, il nous a semblé qu'il devait
y avoir beaucoup à faire en Algérie, où les produits sont
plus riches et la terre sans valeur. Exposer et justifier
cette idée aux yeux de tous, la mettre en œuvre dans une
société pour ceux qui ne peuvent la réaliser par eux-
mêmes, voilà tout notre dessein. Les documents que nous
donnons sur les frais que peut nécessiter un établissement
agricole, sur le prix et le rendement des produits, sur les
modes d'exploitation, etc., peuvent être utiles à tous.
Aussi, lors même que notre projet de société n'arriverait
pas à une fin satisfaisante, nous pourrions encore produire
de bons résultats, et nous serions heureux si nous avions
pu pousser quelques hommes à porter personnellement
en Afrique leurs capitaux et leur industrie.

Le plan que nous nous proposons pour la réalisation

de la société n'est point un dessein rigoureux duquel on ne puisse s'écarter. Comme nous le répéterons plus tard, ce n'est qu'une esquisse au moyen de laquelle nous avons voulu présenter méthodiquement les dépenses, les frais de revient et les produits. Du reste, on peut modifier les moyens proposés ou les combiner autrement, selon les circonstances et la décision des sociétaires. Lorsque nous regardons une disposition comme essentielle, nous avons soin d'en prévenir et d'en donner les motifs. Ce plan est plus élastique encore, quant à l'importance du fonds social : nous l'avons tracé pour une seule grande exploitation ; mais, si les capitaux affluent davantage, on peut en établir plusieurs ; de même, si les capitaux restent au-dessous de notre chiffre, on peut le concevoir sur une échelle un peu plus restreinte. Cependant il ne doit pas tomber plus bas que certaines limites, pour ne point être écrasé par les frais de gestion. Nous pensons qu'il ne faut pas non plus dépasser certaines extensions ; surtout on doit se garder, dans le principe, de ces larges déploiements de force, qui de suite entreprennent tout sur la plus grande échelle avec une luxueuse et dispendieuse ostentation. On s'expose ainsi à payer chèrement les écoles et faux frais, qui ne manquent jamais dans toute opération que l'on fonde. Il nous semble que, si on peut, sans imprudence, commencer sur plusieurs points à la fois, il faut au moins s'installer partout humblement, sans bruit, et avec la plus stricte économie ; suivant en cela les principes de la nature, qui procède, par une progression lente et continue, des plus minces commencements aux résultats les plus puissants.

Nous ne craignons point d'affirmer que notre livre et nos documents reposent sur les observations les plus sérieuses et les travaux les plus consciencieux. Nous citons, à la fin de la deuxième partie, quelques-uns de ceux à l'obligeance desquels nous avons eu recours. Tous les prix et renseignements indiqués ont été notés sur les lieux dans nos explorations à travers les campagnes, au fur et à mesure que les colons nous les fournissaient ; puis, par la comparaison et combinaison raisonnée de ces notes, nous avons formé les résultats que nous présentons ici. Souvent nous citons nos sources à côté des faits ; mais si quelques documents paraissaient extraordinaires, nous sommes toujours prêts à fournir leur justification et explication *.

Dès qu'on parle de l'Algérie, certaines objections se présentent de prime abord aux esprits ; nous en dirons quelques mots avant d'entrer en matière.

On s'effraie dans la perspective d'un abandon. Nous nous réservons, dans cet aperçu, de montrer que l'abandon n'est guère possible, et en tout cas que ses conséquences seraient bien plus préjudiciables à la France qu'aux intérêts particuliers des colons. Ici nous grouperons quelques faits, qui prouveront assez ce qu'on doit penser des intentions du gouvernement. Trois grands signes, à nos yeux, dénotent à l'évidence la résolution désormais bien arrêtée de consolider vigoureusement la domination française en Afrique, et mieux encore, d'y développer activement la colonisation par les populations européennes.

Premièrement, les hôpitaux, casernes, magasins et autres édifices publics, que de tout côté le gouvernement établit de la manière la plus solide et la plus durable, les belles routes déjà exécutées et que l'on continue toujours, bien d'autres travaux publics ; le port enfin construit sur

---

* Voir, à la fin de la brochure, la dernière note relative aux souscriptions.

une si vaste échelle, et qui à lui seul est une garantie de l'avenir de l'Algérie ;

Secondement, l'activité qu'on a mise à pousser la colonisation dans ces deux dernières années, pendant lesquelles onze villages nouveaux ont été établis, tandis qu'antérieurement quatre seulement avaient été fondés. Beaucoup d'autres sont déjà commencés ou en projet, et les particuliers, encouragés par les primes du gouvernement, en construisent de leur côté (1) *. Au total, vingt-trois communes rurales sont maintenant peuplées et en activité. On vient aussi de bâtir l'excellent établissement des bons pères trappistes à Staouëli (2). Tous ces villages sont liés entre eux par de bons chemins nouvellement faits. L'émigration, excitée officiellement en France par l'administration, afflue déjà à un tel point, que dernièrement on a été obligé de restreindre à cinq cents par mois les passages gratuits d'ouvriers; et il en arrive au moins autant d'Espagne, de Malte et d'Italie.

Troisièmement, les travaux de législation qu'on suit avec zèle.—L'Algérie, reléguée d'abord dans une organisation exceptionnelle, commence à entrer dans le mouvement général de celle de la France elle-même. Peu à peu et en suivant la marche des événements, toutes choses s'assimileront à notre état actuel, ainsi que nous avons eu occasion de l'entendre dire par un illustre conseiller d'état, aussi renommé par ses connaissances spéciales sur l'Algérie que pour sa haute science administrative. « Avant peu, nous aurons là quelques départements de plus. » On améliore, on établit en ce moment sur des bases plus certaines la législation qui régit la colonie. Un vaste projet de loi sur la constitution de la propriété en Afrique et

---

* Voir, à la fin de la brochure, les notes qui correspondent aux chiffres de renvoi placés dans le texte.

les droits qui en découlent, après avoir été laborieusement créé par la commission d'Afrique, va passer sous les yeux du conseil d'état pour recevoir incessamment la sanction royale.

Il peut se faire que toutes ces choses pèchent quelquefois dans la méthode et dans l'exécution. Mais quand on établit sur de pareilles proportions tous les éléments d'une domination stable, n'est-ce pas offrir un témoignage irrécusable d'une décision bien arrêtée de se maintenir dans le pays conquis ?

Si une considération pouvait encore ajouter à la force de ces preuves, la conduite personnelle de la dynastie régnante nous assurerait de sa résolution à l'égard de l'Algérie. Presque tous ses princes sont allés y consacrer leurs premières armes, et les liens d'honneur qui les attachent à ce pays ne sont devenus que plus étroits par la mort malheureuse de l'aîné d'entre eux, dont le souvenir s'y retrouve à chaque pas.

Une dernière réflexion.—On a beaucoup vanté la combinaison ingénieuse des dettes publiques avec la fortune de nombreux rentiers, qui intéressent ainsi chaque instant de leur vie au maintien de la prospérité générale. Ne doit-on pas, par une raison analogue, souhaiter que de nombreux citoyens, plaçant en commun quelques capitaux en Afrique, soient ainsi liés par leurs intérêts à l'avenir du pays et à la durée de notre domination ? Il s'établirait alors entre la France et l'Algérie une étroite solidarité, qui donnerait de précieux gages pour le développement plus rapide d'une colonie qui peut devenir dans nos mains un élément si puissant de richesse et de grandeur.

APERÇU

SUR

LA CULTURE ET LA COLONISATION

DE L'ALGÉRIE,

SUIVI D'UN PLAN D'ÉTABLISSEMENT AGRICOLE.

PREMIÈRE PARTIE.

CHAPITRE PREMIER.

Coup d'œil sur la situation actuelle de l'Algérie, et sur la nécessité
de la colonisation.

État de la pacification du pays. —Chaque jour
la France voit en Afrique la soumission de quelque tribu nouvelle, chaque jour la conquête stable
et assurée de l'Algérie devient un fait plus positif
et mieux établi. La valeur de nos troupes et l'activité de leurs chefs ont partout affermi une possession tranquille et incontestée; les démonstra-
tions de notre grande puissance ont déterminé
chez ces peuples, chose inusitée, la confiance en

nous, en notre domination, en nos relations; de toutes parts, ils viennent se réinstaller dans les villes, et accourent des cantons les plus éloignés pour approvisionner nos marchés. De là deux résultats fort importants : le premier, c'est qu'intimidés par de sévères exemples, et d'ailleurs ne se sentant plus soutenus par des tribus ouvertement en guerre contre nous, les maraudeurs ont complétement disparu; secondement, par suite de la confiance établie et de l'écoulement avantageux et assuré de leurs produits, les Arabes ont repris leurs travaux ordinaires, et s'y livrent même avec une ardeur et une suite inconnue chez eux jusqu'alors. Aussi, maintenant, autour de nos établissements règne la sécurité la plus favorable, et de jour en jour l'intérêt matériel gagne et lie étroitement à notre cause une foule d'indigènes.

Nécessité de civiliser et de coloniser l'Algérie.— Telle est la position de la conquête physique et matérielle du pays; mais il est évident que nous n'avons pas été envoyés chez ces peuples presque barbares pour étendre simplement notre puissance, y conquérir quelques positions maritimes, et y lever des tributs; d'ailleurs, il ne faut pas se faire illusion : considérée à un point de vue aussi étroit, notre possession serait toujours précaire et sans stabilité. Nous devons, sous peine de manquer à notre mission, sous peine d'évacuer le pays dans un temps plus ou moins long, faire la conquête morale et civilisatrice de ces contrées en les assimilant à nous-mêmes. Nos succès ne sont un fait important et grave qu'en les regardant comme la prise de possession du continent africain par les idées et les mœurs d'Europe ; ils doivent être la base du développement de ces principes de raison industrielle et d'économie laborieuse qui ont fait de l'Europe la tête du monde et le chef-d'œuvre de la puissance humaine.

Le temps est donc venu de voir entrer dans le concert de la civilisation ces contrées restées si longtemps barbares à la porte du foyer des lumières et de l'industrie ; leur marche dans la vie sociale sera d'autant plus prompte qu'elles sont plus [près du centre de cette vie, et il n'y aura sans doute que bien peu d'années entre l'état inculte où elles se trouvent et l'état de production abondante auquel elles sont appelées. Malheur à nous si nous faisions défaut dans une si belle cause ! Quoi qu'il arrive, ces pays ne peuvent plus échapper à l'étreinte qui les presse ; d'autres ne tarderaient pas à saisir notre place, et nous aurions perdu l'occasion unique de doubler en peu de temps nos forces et notre puissance par une colonie si riche en avenir, si bien située, et si proche de nous, qu'elle peut au besoin ne former qu'un avec notre territoire.

But de ce travail. — Nous avons donc pensé que c'était le moment d'engager les hommes d'action et de cœur à se mettre à l'œuvre, autant pour le bien du pays que pour le leur propre, et d'éclairer par un aperçu succinct, mais rempli de faits, les capitalistes et les spéculateurs sur les avantages de la position. Il est urgent d'agir, et il faut saisir l'occasion favorable; aussi, comme les dissertations purement spéculatives ne portent que des fruits éloignés, nous n'avons fait cette exposition que comme préambule et explication d'un projet d'opération en Afrique. Nous demanderons à cette fin le concours de ceux à qui l'étude raisonnée et comparée des ressources du pays pourront démontrer le grand avenir et la prospérité auquel il doit prétendre.

CHAPITRE II.

Comment un pays commence. — Coup d'œil rétrospectif sur l'agriculture en Afrique — Résultat des exploitations antérieures, avec leurs causes.

Pourquoi l'on doit commencer par l'agriculture. — L'expérience et le raisonnement nous apprennent que l'agriculture est la première ressource d'un pays naissant. En parcourant l'histoire primitive de tous les peuples, les débuts de toutes les colonies, on peut se convaincre que plus tard seulement le commerce et l'industrie manufacturière s'y sont développés. Nous ne citerons ici qu'un exemple, mais d'autant plus frappant qu'il est plus près de nous et qu'il s'applique à une des nations les plus industrieuses du monde : l'Amérique du nord. Lisez les détails de l'établissement de Guillaume Penn et de ses compagnons : pendant bien des années vous les voyez simples laboureurs ; là tout est péril pour eux, l'éloignement de la mère-patrie, l'immensité des forêts, leur petit nombre et le grand nombre des Indiens barbares. Le développement de cette colonie, plein d'un vif intérêt, n'est pas sans analogie avec la situation de l'Algérie ; il mérite la plume d'un historien : c'est l'origine d'une grande nation. Nous nous bornerons à rappeler que ce n'est qu'après une longue période que les Américains sont arrivés à couvrir la mer de leurs navires ; enfin que ces derniers temps seulement ont vu naître leurs premières fabriques.

La raison de cette marche est fort simple : l'industrie et les manufactures créent des valeurs purement représentatives du travail de l'homme ; dans les pays nouveaux, la main-d'œuvre est rare, chère et inexpérimentée, toutes conditions qui rendent l'industrie impraticable ; le commerce vit de l'exportation des produits et de l'importation nécessaire aux besoins de la population ; il lui faut donc préalablement des produits à exporter, une population à alimenter. Mais si l'industrie ne peut créer de produits ni soutenir une population à cette époque, quoi donc précédera le commerce pour lui fournir ses premières ressources? Évidemment l'agriculture, dans les produits de laquelle le travail de l'homme n'entre que pour une portion, et qui est l'apanage juste et logique des pays nouveaux, où le bas prix d'un des agents producteurs (le sol) compense le prix élevé de l'autre agent (le manœuvre).

C'est donc dans l'agriculture, à moins d'une position tout exceptionnelle pour le commerce de transit, qu'il faut chercher la source première de la richesse des colonies. Nous nous proposons ici d'étudier spécialement sous ce rapport notre colonie d'Afrique ; nous commencerons par exposer rapidement et succinctement ce qu'a été l'agriculture jusqu'à présent dans ce pays, pour arriver à rechercher ce qu'elle a droit d'y attendre d'après la qualité du sol, ses produits et les prix de vente et de revient.

Peut-être trouvera-t-on ces différentes questions traitées un peu terre-à-terre et d'une manière vulgaire ; mais ceux qui auront quelque dessein de coopérer à l'entreprise dont nous tracerons le plan après cet exposé, ne trouveront certainement pas déplacés tous ces détails mesquins et mercantiles, spécialement destinés à édifier leur conviction et leur confiance. Alors nous aurons rempli notre but; car ici nous n'écrivons pas pour plaire ou même seulement pour prouver : nous écrivons surtout pour pousser à l'action.

Des travaux agricoles en Afrique.— La culture fut d'abord restreinte à quelques jardinages; ce ne fut que fort tard qu'on se hasarda à confier ses travaux et ses semences à des terrains un peu étendus et un peu éloignés; des gains plus prompts, plus considérables, plus convenables à leur caractère, retenaient à la ville le peu d'aventuriers qui vinrent dans le principe en Afrique. Quelques cultivateurs commençaient à peine à s'établir sur une plus large échelle, que la spéculation se rua sur les terrains; des compagnies se formèrent pour accaparer toutes les terres disponibles, dans l'espoir de revendre ensuite avec de gros bénéfices. Comme ils se contentaient d'attendre sans rien cultiver, leur seul résultat fut de paralyser le développement naissant des cultures, nuisant ainsi et à la colonie et à leurs véritables intérêts. Cependant, malgré cette hausse factice des terres, malgré les lacunes immenses qu'ils laissaient en friche et sans habitants, quelques hommes véritablement laborieux et utiles fondaient des exploitations sérieuses et considérables dans les environs d'Alger, et jusque assez avant dans la plaine. En même temps, quelques villages s'établissaient, tels que Delhi-Ibrahim, Kouba, Birkadem, qui, sans avoir eu immédiatement une influence directe sur les travaux agricoles, n'en apportèrent pas moins leurs petits contingents de culture et de produits et l'espérance de leur avenir.

Effets de la guerre de 1839. — Au milieu de ce développement lent sans doute, mais qui progressait sur toute la ligne, survint la grande guerre de 1839, qui rejeta toutes choses aussi loin qu'aux premiers temps : les fermes de la Plaine furent incendiées ; celles du Massif même furent inquiétées et quelque peu dévastées. Cependant la puissance de notre civilisation et son influence progressante sur la barbarie furent constatées dès lors : les petits villages, que nous avions établis la veille, pour ainsi dire, comptaient à peine quelques centaines d'habitants. Les misérables huttes qu'ils possédaient à cette époque étaient de bien faibles liens pour les attacher au sol; ils n'avaient d'ailleurs aucun de ces attraits puissants qui retiennent le travailleur vertueux et économe au lieu où il a commencé ses labeurs et où il espère les voir fructifier : la plupart étaient de ces ouvriers aventureux et sans conduite qui gagnent et dépensent, sans calcul et sans souci. Cependant aucun village ne fut ni forcé ni abandonné. Bien mieux, ils garantirent tout ce qui se trouva en deçà de leurs lignes ; et aujourd'hui, après avoir passé par cette consécration de la guerre, les huttes et les habitants se sont transformés, et tout a pris l'aspect de la prospérité et de l'aisance (1). Ces faits peuvent rendre évident que là, comme partout ailleurs, quand la civilisation prend pied, elle s'étend invinciblement. Les obstacles de la barbarie peuvent l'arrêter un instant; mais à peine les a-t-elle surmontés que sa marche devient plus rapide.

État actuel des choses. — Quelque grands qu'aient été les malheurs de 1839, ils sont amplement réparés, et avec avantage, pour les villages comme pour les exploitations particulières. Aujourd'hui, neuf communes (1) au moins voient la culture s'étendre sur une très-notable partie de leur territoire; quelques-unes même sur presque tout. Dans la Plaine, hors de la portée de ces communes, on voit d'anciennes fermes se relever, et d'autres sur le point de s'établir (3). A Staouëli, les généreux efforts des RR. PP. trappistes, aidés du gouvernement, élèvent un magnifique établissement qui promet d'être pour la colonie non-seulement une source riche de produits, mais encore un modèle de travail, une école de civilisation pour les indigènes, et un efficace moyen de moralisation pour les Européens (2). Enfin, onze villages nouveaux se sont élevés depuis deux ans (1), et autant environ sont en voie d'exécution. Sans doute il ne faut pas s'exagérer l'importance agricole de ces villages que l'on fonde ; il faut bien du temps avant que la population s'épure, se forme, s'installe solidement et laborieusement. Cependant leur établissement est un fait grave en ce sens qu'il rend toujours plus prochaine l'époque où ces centres d'habitation manifesteront leur influence sur les travaux de la campagne. Déjà résultent de leur voisinage la sécurité, la confiance, bien des facilités dans le détail de la vie des champs, et même, quoi qu'on en dise, ils pourront offrir bientôt quelques bras précieux dans l'occasion et quelques produits.

Préjugé sur la marche de la colonisation. — Il est quelques hommes qui pensent sans doute qu'après dix ans d'établissement une colonie doit être couverte de population et de récoltes à l'égal de la métropole qui a mis environ quatorze cents ans à arriver où elle en est. Nous ne saurions nous expliquer autrement ces plaintes continuellement répétées : qu'on ne voyait en Algérie ni efforts ni résultats ; que ce qu'on appelait colons n'étaient que des spéculateurs attendant l'instant de revendre leurs terrains avec bénéfice, et qui se contentaient de recueillir le produit spontané de la terre. Ces plaintes sont non-seulement intempestives, mais encore d'une exagération que l'on pourrait qualifier plus sévèrement, et leurs auteurs sont loin de montrer par là qu'ils eussent une connaissance bien intime des travaux et des méthodes de culture du pays. Voici en effet la réalité des choses.

Progression de la culture. — En 1838, le rapport du gouvernement constatait, sur huit communes dans le massif, près de 7,000 hectares cultivés. Depuis cette époque, la culture a au moins doublé ; ce qui donnerait, sur ces huit communes, 14,000 hectares. Si nous ajoutons à cela les terres récemment défrichées autour des villages nouveaux, à raison de 300 hectares seulement par village, plus les cultures de Bouffarik et de Blidah, plus les fermes européennes éparses dans la plaine, nous arriverons à 20,000 hectares, qui sont, il nous semble, un chiffre déjà considérable pour une colonie naissante. Mais revenons aux huit communes du massif qui comptent maintenant 14,000 hectares de culture ; il en résulte une moyenne de 1,700 hectares pour chacune. Or, on trouverait bien des pays en France où les communes ne présentent pas, proportionnellement à l'étendue, une moyenne aussi élevée, et cela sans s'enfoncer dans les landes ou dans les montagnes. Ces 14,000 hectares sont partagés à peu près ainsi qu'il suit : $\frac{2}{7}$ en jardinage et cultures diverses ; $\frac{3}{7}$ en prairies ; $\frac{2}{7}$ en céréales.

Diverses cultures en usage.—*Du jardinage.*—Le

ardinage occupe presque exclusivement la banlieue d'Alger et une partie des communes qui touchent à celles-là. Cette portion de la culture est le
partage à peu près exclusif des cultivateurs venus
d'Espagne, vulgairement connus sous le nom de
Mahonais, et qui travaillent avec une ardeur et un
soin dignes de tout éloge. Toutes les terres ne sont
pas susceptibles de faire du jardin; il est surtout
essentiel qu'elles soient arrosables. Du reste, nous
examinerons plus loin ces choses avec détail *.

Fourrages. — Les foins, qui ont formé jusqu'à
présent la plus forte exploitation des colons, ne
sont point, comme on l'a répété, le produit purement spontané de la terre, et la preuve de l'apa-
thie et de l'inintelligence des colons. Les bonnes
récoltes de foin nécessitent, de la part de celui qui
veut les obtenir, des soins, une surveillance, une
culture réelle; il faut même une sorte d'assole-
ment dans lequel les céréales entrent nécessaire-
ment, toutes choses que l'on trouvera expliquées
plus au long au chapitre IV, section des foins.
Nous avons voulu seulement indiquer ici le tort
que l'on a eu de préjuger en mal, sans un examen
assez sérieux, les travaux des colons d'après les
immenses récoltes de foin qui se font en Afrique,
et faire tomber l'erreur accréditée, que les colons

* Voir à la page 90 *du Jardinage.*

ne cultivent pas de blé. Certes, les colons préfèrent, autant qu'ils le peuvent, la récolte du foin, qui rapporte plus et qui risque moins, que celle du blé; et c'est un peu la faute du gouvernement (4). Mais néanmoins la culture européenne du blé, répandue déjà en 1838 sur 2,000 hectares, s'étend aujourd'hui peut-être sur plus de 5,000 hectares, auxquels il convient d'ajouter les cultures de l'orge; aussi dans plusieurs endroits nous avons vu des céréales sur une grande échelle. Partout elles sont nécessaires de temps en temps, et dans certains terrains même elles sont plus avantageuses que les foins; choses que les propriétaires du pays savent fort bien.

Céréales. — Les seules céréales cultivées dans l'Algérie sont le blé et l'orge. Leur culture, considérée au point de vue absolu, offre bien des imperfections et dans le travail, et dans la méthode, et dans les outils employés; mais les circonstances excusent souvent et justifient quelquefois complétement, comme nous aurons occasion de le faire voir, des moyens qui, au premier abord, nous semblent contraires au sens commun.

Les Arabes font aussi une grande quantité de blé; nous en dirons quelques mots plus loin.

Plantations. — Les plantations de mûrier et d'olivier sont appelées à jouer le rôle le plus important dans les produits du pays; malheureusement on s'y est pris fort tard, et toutes sont encore bien jeunes ; cependant, comme l'olivier se trouve par grandes masses à l'état sauvage, les greffes que l'on a opérées activement sur ces sujets donnent déjà de belles et prochaines espérances. Du reste, ces plantations sont faites partout avec soin et intelligence, et se multiplient assez rapidement. On a planté aussi un assez grand nombre de bananiers dans ces derniers temps. Quant aux orangers et aux citronniers, ils sont restés jusqu'à ce jour dans l'abandon le plus complet.

Essais divers. — Enfin il convient de dire quelques mots de différentes cultures, jusqu'à présent en quelque sorte à l'état d'essai, mais qui peuvent jouer un grand rôle dans l'avenir du pays : ainsi, le tabac, dès longtemps cultivé par les Maures ; le coton, dont l'expérience a assez satisfait jusqu'à présent le jardin d'essai ; le cactus à cochenille, dont il n'y a encore que quelques pieds ; la canne à sucre ; etc., etc.

Résultats de ces travaux. — Tel est l'état actuel de la culture et des produits du pays ; mais il ne suffit pas de le constater, il faut savoir quelles conditions et quels résultats économiques ont été la suite de ces travaux. Il y a eu de beaux succès, et il y a eu de terribles revers, voilà la vérité entière. Il y a eu de beaux succès, et nous pouvons en citer d'éclatants exemples, en parlant de la ferme

Fougeroux, commune d'El-Biar, exploitée par MM. Martin de L'Esplasse et Caminade; la ferme de Beni-Moussous, à M. Frutié, proche Cheraga, celle de MM. de Franclieu, sur El-Biar; les fermes de M. le baron Vialar à Kouba, etc., etc., et en outre une foule de petites exploitations dispersées dans le Massif, où les grandes propriétés sont fort rares. Nous insisterons, à ce propos, sur le grand nombre de petits cultivateurs venus d'Europe, les uns avec un léger pécule, les autres seulement avec leurs bras et leurs économies, et qui maintenant, par leurs travaux agricoles, ont acquis de petites fortunes de 20 à 40,000 fr., et qui même quelquefois atteignent jusqu'à 100,000 fr. Tous, après avoir acheté à bas prix quelque petit bien, l'ont si soigneusement cultivé, aménagé et mis en valeur, qu'ils en ont décuplé les produits et quintuplé le capital (5).

Revers éprouvés et leurs causes. — Parmi les opérations agricoles qui ont échoué en Afrique, nous nous contenterons de citer les plus saillantes, en résumant, dans leur diversité, les principales causes de ces revers et leur portée.

La Rassauta. — La première déconvenue fut celle du prince de Mir; cependant, si nous en parlons ce n'est que pour mémoire, et pour montrer combien, de loin, les esprits s'effraient sans raison et sans logique. Nous nous plaisons certes à rendre justice à la noblesse de caractère et aux généreux sentiments du prince de Mir, mais il se montra complétement dénué de toute notion d'administration et d'économie, et tout à fait ignorant de ce qu'étaient le travail et les ouvriers. Pensant problablement qu'il suffisait, pour réaliser, de parler, de vouloir et de payer, il arriva en Afrique suivi des subventions du gouvernement; et sans s'inquiéter désormais de l'entreprise, il vécut à la Rassauta en patriarche, attirant autour de lui les Arabes par des présents et des réceptions. C'est ainsi que s'écoula l'argent de l'état; d'agriculture sérieuse, il n'en fut pas question. L'entreprise, comme on le pense, fut bientôt culbutée, et néanmoins tous furent effrayés de ce mauvais succès : tel est l'effet du défaut d'observation.

Quelques sociétés en commandite. — L'infortune du prince de Mir n'a donc même pas trait à la question. Si après lui nous passons à ces quelques sociétés en commandite représentées à Alger par des jeunes gens à qui on avait imprudemment remis toute confiance, nous trouverons qu'il y eut cette fois de véritables et sérieux essais de culture. Pourquoi n'ont-ils pas réussi? c'est que dans quelques endroits, séduits par une production trop facile, ceux qui devaient être la cheville ouvrière de ces établissements, les désertaient la plupart du temps pour les plaisirs de tout genre dont abondait la ville d'Alger; c'est que les ressources sur lesquelles on devait s'appuyer furent ainsi dévorées en folies, tandis que l'entreprise, privée de direction, précipitait encore sa ruine par toutes sortes de mauvais succès. D'autres dépensèrent mal à propos, en constructions démesurées et en essais irréfléchis, les fonds qui auraient utilement et abondamment produit, en marchant avec plus de réserve; puis, tous pressés d'argent, ils furent obligés de vendre à vil prix : telles sont encore les sources de bien des désastres.

Des spéculateurs de terrains. — Il est nécessaire de toucher aussi un mot ici de ces trop nombreuses entreprises qui se formèrent en France à propos de l'Afrique, mais qui n'avaient pour but réel que de spéculer sur la revente des immenses terrains qu'ils acquerraient à vil prix. Si ceux-ci, gênés par les circonstances, firent de mauvaises opérations, il ne faut point en accuser du moins l'improduction du pays et la nature du sol : c'est assez pour eux d'avoir été et d'être encore affligés de cette plaie.

La Rheghaya. — Mais il reste à discuter le fait le plus retentissant, et le plus concluant peut-être en apparence parmi tous les essais de cultures qui ont échoué en Afrique; nous voulons parler de la société Mercier, Saussine et Ce, qui devait exploiter la Rheghaya et ses dépendances. Ils avaient un capital de 400,000 francs, je crois, dépassant certes ainsi les nécessités de l'entreprise. M. Mercier, qui se mettait à la tête de l'affaire en Afrique, était jeune, actif, laborieux et fort capable : tout cela était pour le mieux ; mais l'administration consommait, seulement en directeurs et en employés, 25,000 fr. par an : c'était trop préjuger des produits de l'Afrique. Puis, ayant voulu se livrer en grand à des essais de culture qui ne convenaient qu'au gouvernement, et à d'énormes défrichements, ils arrivèrent très-promptement à une ruine complète. Que peut-on, dans ces choses, imputer au pays? Rien certes, car il ne saurait être responsable d'une administration trop onéreuse et d'expériences irréfléchies.

Fermes pillées et incendiées. — Nous devons terminer par dire deux mots des fermes de la Plaine, qui ont été pillées et détruites par les Arabes dans la guerre de 1839, car c'est là encore un échec pour la culture, et pour le coup, la cause de ces ruines provient véritablement du pays. Mais la grandeur même des pertes essuyées témoigne assez des succès brillants auxquels on aurait pu prétendre dans des temps aussi favorables et aussi tranquilles que ceux où nous nous trouvons maintenant. Bien des colons, en effet, dans la Plaine, étaient sur le point de se rembourser d'une forte portion de leurs avances par une magnifique récolte, lorsque la catastrophe arriva; malheureusement beaucoup d'entre eux avaient trop exposé au dehors, en faisant plus qu'il n'était nécessaire des dépenses de bâtiments, d'outils et de harnais, car ces choses furent détruites en grande partie; d'autres avaient engagé tous leurs capitaux dans leur exploitation, de sorte que, fort gênés d'abord pendant la guerre, ils se trouvèrent sans ressources pour réparer le mal et profiter de la paix; enfin, tous ceux qui furent ainsi maltraités avaient eu l'extrême imprudence de s'installer dans des terres, excellentes sans doute, mais beaucoup trop hors de la portée de nos troupes et de nos centres de population. Parmi ceux au contraire qui se trouvèrent dans des limites raisonnables, aucun n'eut à souffrir de dommage capital.

Résumé des causes de ces revers. — Telles sont donc les principales causes des revers qui ont été éprouvés par les agriculteurs en Afrique : défaut d'ordre, inconduite, spéculations imprudentes, administration mal organisée et trop onéreuse, essais intempestifs, dépenses agricoles exagérées, position trop aventurée. Du reste, nul ne peut se plaindre d'avoir été ruiné soit par le défaut de récoltes, soit par un prix de revient plus fort que le prix de vente. Aussi, d'autre part, ceux qui avaient évité en tout ou en partie ces écueils, nous montrent-ils maintenant, par leurs succès et leur brillante position, ce qu'on avait droit d'attendre d'une terre qui ne le cède à aucune autre en fertilité.

Conclusion. — Il est donc bien important que l'on se pénètre l'esprit que les causes de toutes ces ruines ne touchent point au fond de la question; elles tiennent seulement aux mauvaises conditions d'existence que l'on avait données aux entreprises, et non à quelque cause inévitable et inhérente au sol et au pays. Ce point une fois bien entendu, nous allons présenter les faits et documents qui établissent les éléments de succès et de prospérité qui résultent de la fécondité du sol, et des circonstances dans lesquelles il se trouve placé.

SECONDE PARTIE.

TRAVAUX ET CULTURE DE L'ALGÉRIE. — SON AVENIR.

CHAPITRE PREMIER.

Préliminaires. — Nature du sol.

Idée générale de cette partie. — Après avoir jeté un rapide coup d'œil sur le passé, nous allons entrer avec plus de détails dans la question qui doit plus spécialement nous occuper : celle de l'avenir. Nous rechercherons les ressources que ce pays porte dans son sein, et les moyens de les mettre à profit.

Détails de son plan. — Cultiver, c'est utiliser les qualités du sol, combattre les difficultés que la nature ou les circonstances opposent à sa fécondité, puis enfin régler cette fécondité selon les chances variées du climat et des circonstances extérieures. Nous procéderons donc en donnant d'abord une idée du sol de l'Afrique; puis nous discuterons les obstacles et embarras divers qu'é-prouve à son début la mise en culture, c'est-à-dire le capital nécessaire d'établissement; enfin nous exposerons quels produits le climat et les circonstances présentes permettent d'exploiter avec avantage, ce qui nous donnera la connaissance des bénéfices que peut produire le capital déboursé.

Mais le cultivateur éclairé qui, avant d'engager ses forces, porte ses vues plus loin que le moment où il agit, doit se demander non-seulement si les circonstances actuelles peuvent lui offrir quelques avantages passagers, mais encore quel sort ultérieur sera réservé à ses travaux. Il doit donc, par l'examen attentif des faits et les présomptions raisonnables qui en découlent, chercher à pénétrer l'avenir autant qu'il est donné à l'esprit de l'homme; c'est pourquoi nous terminerons par quelques considérations générales sur la destinée de l'Algérie, et en particulier sur celle des produits divers en vue desquels on pourrait s'y engager maintenant.

Nature du sol. — Nous bornant ici au massif et aux quelques cantons de la Mitidja déjà abordés par la culture européenne, nous établirons seulement trois catégories principales de terrains.

Terrains argileux. — Les uns, qui forment en majeure partie les communes de Mustapha, d'El-Biar et Delhi-Ibrahim, ont pour essence une argile rougeâtre; ils sont ordinairement fort profonds, sauf en quelques côtes où la roche schisteuse perce à la surface; ils ne craignent point dans ces pays les défauts qu'on leur reproche si souvent en France, savoir : d'être froids, et de craindre l'eau : le premier de ces vices est suffisamment corrigé par la chaleur naturelle du pays, le second par la disposition des lieux, presque toujours en pente. Ces terres qui, comme tout le monde sait, sont naturellement très-herbeuses, portent ici cette qualité au plus haut degré. En effet, par suite des pluies chaudes et abondantes qui tombent en mars et avril, l'herbe acquiert, sur les plateaux comme dans les vallées, une force de végétation et une saveur nourrissante qui en font un des produits les plus précieux et les plus généraux de l'Afrique.

Terrains argilo-calcaires. — Les seconds terrains sont ceux où l'argile est légèrement mélangée de calcaire et repose sur une roche calcaire : ceux-ci, d'une nature moins herbeuse que les précédents, sont en revanche plus propices à produire le grain. Nous citerons pour exemple les terrains qui sont entre le camp de Kouba et le village de ce nom, avec tout ce qui avoisine. Ces deux genres de terrains se partagent le massif avec des nuances diverses et en se modifiant quelquefois l'un l'autre.

Terrains sablonneux. — Les troisièmes terrains, ceux de la plaine de la Mitidja, sont très-généralement des terrains d'alluvion formant un sable gras, qui ne laisse rien à désirer pour quelque culture que ce soit. Cependant, dans certains cantons, ce sable s'amaigrit, devient même tout à fait sable clair, et, par conséquent, brûlant et infertile, surtout sous un pareil climat. D'autres fois, placées dans des bas-fonds sans écoulement, ou sur le bord de rivières qui se débouchent difficilement, les terres sont inondées; mais en cet état même il y a plus à craindre pour la santé du cultivateur que pour la fertilité du sol, car il est bien rare que dans ce pays la végétation ait à redouter de l'eau une mauvaise influence.

Résumé. — En résumé, le sol est généralement profond et sain, il offre des conditions bonnes et variées de fertilité, et échappe aux desséchements brûlants qui pourraient résulter des chaleurs par la féconde humidité qui s'y trouve à l'époque de la végétation, comme dans tous les pays tropicaux. Cependant quelquefois il survient des années où les pluies ne sont pas assez abondantes à ce moment, ce sont des années de sécheresse et de mauvaises récoltes, mais ces années sont rares et se comptent.

CHAPITRE II.

Des difficultés et des dépenses.

Exposé général des difficultés. — Les difficultés que l'on peut rencontrer sont de deux sortes : les unes sont des obstacles tout particuliers au pays, et nous discuterons s'ils apportent réellement aux établissements européens quelques empêchements sérieux et que l'on ne puisse surmonter.

Les autres sont des embarras inhérents en tout lieu à l'installation d'une exploitation nouvelle, et qu'il faut apprécier partout avec les circonstances diverses qui les accompagnent selon les localités.

SECTION PREMIÈRE.

Les premières proviennent : des craintes que peuvent inspirer la nature et la manière d'être des populations indigènes, des défrichements malaisés qui se rencontrent trop souvent, enfin du haut prix de la main-d'œuvre dans le pays.

§ Ier.

Du voisinage des indigènes et du pillage. —Sans aucun doute, c'est toujours une position inquiétante et chanceuse que celle d'une exploitation située dans le voisinage de peuples étrangers à nos mœurs, à notre langage, à notre civilisation. Mais il ne faut pas non plus se créer le monstre plus terrible qu'il n'est réellement; et d'abord, il faut distinguer entre l'état où nous sommes présentement et celui qui pourrait résulter de guerres nouvelles.

Pacification durable. — Dans ce moment, au-

tour des établissements européens et à une grande
profondeur au-delà, les choses sont rentrées dans
leur état normal ; les tribus, auparavant dispersées,
ont repris le cours de leurs travaux agricoles, et
les hordes vagabondes que l'émir avait implantées
sur les frontières ont disparu au loin. Ceux qui
restent maintenant sont généralement des cultivateurs, paresseux peut-être, mais assez pacifiques.
Pendant la guerre, ils se sont cachés dans les montagnes ou réfugiés à Alger ; ils ont perdu le peu
qu'ils pouvaient posséder en grains et en bestiaux,
et ont mené la plus misérable existence. Aussi, en
y comparant à la vie tranquille et heureuse, que
leur assure l'écoulement avantageux, des produits
qu'ils obtiennent sans beaucoup de labeurs, ils ne
craignent rien de plus que le renouvellement de
la guerre ; plus les temps s'avancent, plus ces idées
pénètrent profondément dans les terres, parce que
le nombre des fournisseurs de nos marchés s'ac-
croît de jour en jour, et qu'ainsi l'intérêt qui les
rattache à nous s'étend aussi de jour en jour.
D'autre part, l'autorité française, en nommant les
kaïds de tribus, s'est réservé un certain contrôle
et l'exercice actif de la police et de la justice parmi
elles. Si donc des vagabonds se permettent quelque
vol ou quelque maraudage, leur délit est poursuivi
et puni tout comme il le serait en France.

Sécurité actuelle. — Aussi l'on peut dire que

dans ce moment la plus grande sécurité règne et pour les personnes et pour les propriétés; partout, dans la Plaine, au milieu même des tribus arabes, on a repris les anciens travaux, on a commencé de nouvelles entreprises; les diligences vont et viennent sans escortes jusqu'à Milianah, à près de trente lieues d'Alger; les voyageurs même isolés parcourent le pays en tous sens : la seule recommandation qu'on leur fasse quand ils sont tout à fait dans l'intérieur, est de ne pas trop s'attarder dans la campagne, et de coucher tous les soirs dans des tribus. On voit donc que la confiance est grande, dans l'état actuel des choses.

Supposition d'une nouvelle guerre. — Dans les circonstances présentes et d'après les modifications à présumer chez les Arabes, il n'est pas probable que la guerre puisse se rallumer, si ce n'est très au loin. Mais il peut arriver que, favorisée par des circonstances extérieures, elle se rapproche encore de nos établissements et détruise la sécurité qui règne maintenant.

Pour juger sainement de ce qui pourrait avoir lieu alors, il faut faire la part des changements qui se sont opérés, qui s'opèrent tous les jours, et qui s'opéreront encore dans la situation matérielle du pays. La population européenne a pris depuis ces dernières années un accroissement qui ne fait que s'augmenter tous les jours; à chaque instant se

construisent de nouveaux villages ; le Massif, indépendamment des faubourgs et banlieue d'Alger,
en compte quinze (1) dont neuf sont créés depuis
deux ans seulement ; dans la plaine, outre Blidah
et Koléah, il y a trois villages européens, et on est
sur le point d'en établir plusieurs autres en commençant par les environs de Blidah ; non-seulement
le gouvernement a puissamment aidé à leur établissement, mais encore il a exécuté des routes partielles pour les relier, et de grandes lignes de chemins
pour joindre entre eux les points principaux.

Garanties à venir contre le maraudage. — Ces
faits ont une grande portée pour la paix du pays
dans l'avenir. Sans discuter ici le plus ou moins
de valeur et de succès des villages nouveaux, on
ne peut s'empêcher de les regarder comme fort
utiles sous ce rapport. La dernière guerre a démontré d'une manière certaine que les Arabes, inca-
pables d'emporter non pas un village, mais même
une maison, redoutent d'approcher des centres de
population , et surtout de s'aventurer au milieu
d'eux. Ainsi ils n'ont point dépassé les villages à
peine établis de Delhi-Ibrahim et de Kouba, et les
cultivateurs du Massif placés en deçà de ces villages n'ont eu à souffrir que quelques dépréda-
tions de maraudeurs isolés. Ils craignent également de s'engager sur un terrain coupé de routes,
parce qu'il est trop facile de les poursuivre et de

les atteindre : aussi les nombreux chemins effec-
tuées dans ces derniers temps, et ceux qui sont
en voie d'exécution, sont-ils un grand gage de
sécurité. D'autre part, les populations qui nous avoi-
sinent ne tarderont pas à devenir trop étroitement
solidaires de nos intérêts, pour ne pas être une
garantie pour nous; d'ailleurs, les relations du commerce et les aisances de la vie qu'ils trouvent au milieu de nous, en modifiant peu à peu leurs mœurs,
les distingueront insensiblement des tribus plus
reculées et formeront véritablement une barrière
vivante au devant de nous. Il est donc plus qu'à
présumer que ceux qui établiraient présentement
leurs exploitations avec les conditions que la prudence commande, ne tarderaient pas à se voir
triplement couverts par le réseau de routes qui les
enlaceront, par la population européenne qui les
débordera, et par les tribus voisines qui, se fondant
et se liant plus intimement avec nous, deviendront
leurs avant-postes.

Précautions à prendre. — Cependant les événements peuvent se précipiter plus qu'on ne pense,
et déjouer toutes les prévisions : aussi ne faut-il
négliger aucune des précautions que la sagesse peut
conseiller; à ce titre nous exposerons les suivantes :
1° placer au moins une petite exploitation dans le
Massif qui est maintenant tout à fait à couvert;
2° s'assurer également dès le début une propriété

considérable dans la Plaine, mais choisie avec prudence; se contenter d'y faire cultiver la première année par les Arabes, de préparer les matériaux, et se disposer pour les constructions; 3° enfin ne faire en bâtiments et autres dépenses immobilières que le strict nécessaire.

De la sorte on éviterait bien des difficultés et des embarras pour les débuts toujours assez difficiles d'une entreprise; on aurait, en cas de catastrophe, un refuge assuré pour le bétail et le mobilier que l'on enlèverait de l'exploitation de la Mitidja, et de plus, en procédant avec de pareils ménagements dans la Plaine, on ne risquerait que bien peu de chose; car les constructions et autres dépenses immobilières strictement nécessaires sont peu considérables, comme on le verra plus loin. Puis, au bout de deux ou trois ans, si l'on se voit bien à couvert par la marche des événements, on pourrait y développer ses moyens d'exploitation sur une plus large échelle.

Résumé. — *Conclusions.* — Maintenant nous croyons qu'on peut raisonnablement conclure que, tant que les choses resteront dans l'état actuel, il n'y a aucun péril ni pour les personnes ni pour les propriétés; qu'il y a tout lieu de présumer que cet état paisible durera longtemps encore; que, dans un très-court laps d'années ainsi paisiblement écoulées, une exploitation fondée actuellement se trouverait profondément enclavée dans les populations européennes et couverte de mille manières; que dans l'hypothèse peu probable d'une guerre voisine de nos établissements, il n'y aurait véritablement péril que pour les dépenses immobilisées. Pour aller au devant de ce cas, on peut n'immobiliser dans son exploitation que des dépenses fort médiocres, jusqu'à ce que l'on ait acquis plus réellement la certitude d'être à couvert de tout danger.

Ces diverses conclusions, qui s'appuient toutes sur les considérations et observations déjà présentées, recevront de nouveaux éclaircissements et développements quand nous traiterons de l'avenir probable de l'Algérie.

§ II.

Défrichements. — La difficulté des défrichements varie selon la nature des plantes qui ont envahi spontanément le sol; en conséquence, nous diviserons les défrichements en trois classes.

Premièrement. — Terrains nus. — Les terrains nus et garnis d'herbes ou de quelques autres mauvaises plantes, n'exigent pas d'autres soins et préparations qu'un fort labour à la charrue; il n'est même pas besoin comme en Europe de les attendre et de laisser mûrir : vous pouvez, la même année, façonner votre terre pour les semailles et cela suffit. Ici donc il n'y a réellement aucune dépense extraordinaire.

Secondement. — Terrains garnis de broussailles. Ici le défrichement exige un arrachis préalable; plus les broussailles sont épaisses et plus l'arrachis est coûteux, mais aussi plus on peut tirer d'argent de la vente du bois. D'après cette compensation, on voit qu'il y a peu d'inconvénients à établir, pour le prix de l'arrachis par hectare, une moyenne qui du reste nous a été indiquée par MM. Frutié, de Franclieu, et autres qui en ont fait exécuter beaucoup. Cette moyenne est de 150 francs par hectare; quant au rendement que l'on peut espérer du bois arraché, étant tous à peu près placés dans des circonstances différentes ils ont varié d'opinion : en somme, il résulte que plus il y a de broussailles et surtout plus il y a de souches, plus on retire proportionnellement d'argent, et que quelquefois alors on peut complétement couvrir ses frais. Mais lorsque les broussailles laissent de grands vides, ce qui arrive le plus communément, elles ne couvrent guère que 60 pour 100 des frais ; ce prix que nous adoptons est le plus modéré et nous a été fourni par M. Frutié. Il résulte donc de là que la dépense nette que coûte en moyenne le défrichement d'un hectare de broussailles est de 60 francs (6).

Troisièmement.—Terrains garnis de palmiers nains. Le palmier nain est une plante dont les feuilles ressemblent à celles du palmier; elle n'a pas de tige, mais une touffe de feuilles qui sort à fleur de terre. Elle a une racine ayant quelque ressemblance, pour la forme, avec la betterave; cette racine pénètre fort avant en terre, et repousse tant qu'il en reste quelques parties non arrachées, ce qui rend le défrichement de cette plante très-difficile. Or, le palmier nain a envahi de notables parties de terrain que, dans bien des endroits, il occupe seul et sans vide; lorsqu'il en est ainsi, il faut pour l'instant renoncer à le défricher, et attendre qu'une main-d'œuvre moins élevée et un moindre prix des capitaux permettent de mettre en culture avec profit des hectares qui reviendraient maintenant à plus de 1,200 fr. Nous avons ouï dire que M. le colonel Marengo prétend que les défrichements exécutés par les condamnés reviennent à un prix infiniment moindre et dont nous ne nous souvenons pas pour le moment (7); mais nous pouvons assurer qu'au village de Draria on a refusé d'entreprendre certains défrichements de palmiers nains à des conditions dépassant 1,200 fr. l'hectare, et plusieurs colons nous ont dit que, lorsqu'un terrain était assez uniformément couvert de palmiers nains, il fallait évaluer son défrichement entre 900 et 1,200 fr. D'autre part, le raisonnement le fait assez voir; on rencontre, certes, des cantons qui comportent bien deux mille cinq cents grosses touffes de palmier à l'hectare, ce qui n'en fait qu'une par 4 mètres carrés; or, le prix de 1,200 fr. les place alors à un peu moins de 0,50 la pièce, et nous sommes convaincus qu'un ouvrier qui a convenablement arraché six grosses touffes de palmier nain pour 3 fr. a passablement employé sa journée; car il aura remué pour le moins 7 mètres cubes de terre, et dans un terrain fort malaisé. Nous ne pensons donc pas que l'instant soit venu de défricher ces portions-là; mais il est beaucoup d'autres endroits où le palmier nain est plus clair-semé, et où il est possible de songer à le défricher; il ne faut pas, en tout cas, que les frais s'élèvent à plus de 400 fr. l'hectare; car, si l'on veut couvrir les frais généraux de construction, administration et autres, et obtenir des produits proportionnés à la valeur de l'argent dans le pays, il faut que le capital dépensé dans une pièce de terre rapporte un intérêt assez considérable, ce pourquoi il ne faut pas que ses frais de défrichement s'élèvent trop haut.

Distribution de ces terrains. — Ces trois espèces de terrains se partagent diversement le pays Ainsi, dans la Metidja, le palmier nain est si rare, que l'on peut le mettre hors de compte. Au contraire, il est très-répandu dans tout le Massif et surtout dans les environs de Douëra, de Delhi-Ibrahim, et de là jusqu'à la plaine de Staouëli. La Metidja offre très-généralement un terrain nu, et les broussailles même y sont fort rares dans certains cantons. Le Massif, au contraire, présente, dans une proportion assez minime, parmi les terrains en friche, des espaces assez dégarnis pour que la faux puisse y courir librement. Néanmoins il ne faut pas croire que ces genres de terrains soient tranchés et exclusifs l'un de l'autre : très-souvent, presque toujours même, les broussailles du Massif sont plus ou moins mélangées de palmiers nains, et réciproquement ; souvent aussi, au milieu des palmiers nains ou des broussailles, on rencontre de grandes pièces vides.

Conclusion. — Si l'on veut établir une moyenne de dépense pour le défrichement des terres, il faut dire que, pour la Mitidja, il ne coûte rien, parce que, là où il y a du bois, il paie bien sa place (8). Quant au Massif, là où la broussaille domine, il faut mettre de 60 à 100 fr. par hectare, selon que le palmier nain abonde plus ou moins. Quand le palmier nain domine, il faut mettre de 100 à 400 fr., et laisser ceux qui dépassent ce chiffre. Pour achever de préciser les idées à ce sujet, nous pensons qu'il serait dérisoire d'acheter une propriété où les palmiers nains domineraient dans

plus d'un tiers des terrains. De la sorte, on peut
dire que, dans le surplus de cette propriété, moitié
ne coûterait rien à défricher, et moitié coûterait
roo fr par hectare. Nous terminerons ces observations en remarquant que les terrains laissés
entièrement en friche ne sont point inutiles, le
palmier nain fournissant un excellent et salutaire
pâturage pour les bestiaux.

§ III.

Main-d'œuvre. — La main-d'œuvre coûte à peu
près le double des prix de France pour les manœuvres, et le triple pour les ouvriers d'état. C'est
sans doute une gêne : si les prix étaient les mêmes
que ceux de France, on pourrait faire beaucoup
de choses que l'on ne fait pas ; les bénéfices seraient
plus considérables sur les opérations que l'on fait
maintenant. Mais qu'importe si, avec ces prix, les
bénéfices, tels qu'ils existent, peuvent offrir une
ample satisfaction au spéculateur ! C'est sous l'influence de cette idée qu'il est à propos, nous le
pensons, d'examiner cette question.

Nous exposerons donc ici les différents prix de
la main-d'œuvre, parce que c'est un renseignement
nécessaire dans toutes les questions qui nous oc-
cupent. Quant à démontrer que la vente des produits offre encore, vis-à-vis du prix de revient, une

différence assez sensible pour donner des chances suffisantes de gain, c'est ce qui résultera de la discussion que nous ferons plus bas des divers produits que l'on peut actuellement cultiver avec fruit. Nous nous bornerons à faire remarquer en passant que, si la main-d'œuvre est plus chère, le sol n'a guère d'autre valeur que celle qui résulte des frais de construction et d'appropriation; et, comme il est bien loin d'atteindre ainsi aux prix élevés qu'il faut subir en France, il balance amplement le désavantage de la main-d'œuvre, qui, au reste, tend chaque jour à diminuer par suite des émigrations nombreuses qui surviennent.

La base de la main-d'œuvre, c'est le prix de la journée. Nous allons donc dresser ici la nomenclature des salaires dans les principaux états.

Maçons, charpentiers, etc. — Les maçons, tailleurs de pierres, charpentiers, etc., etc., sont payés de 5 à 6 fr. par jour; leurs prix les plus modérés sont pour les ouvrages de ville; leurs prix les plus élevés quand ils vont travailler à la campagne, surtout lorsque c'est un peu loin. Presque tous ces ouvriers viennent du nord de l'Italie et du Tessin.

Charretiers, maîtres valets. — Les charretiers sont diversement payés aux environs immédiats d'Alger. Le commun des charretiers reçoit 30 fr. par mois, la nourriture et le logement, ou bien simplement une somme de 70 fr. Mais ceux qui ont quelque surveillance à exercer, ou qui sont chargés de transports de roulage, reçoivent un peu plus, comme 40 à 45 fr. par mois et nourris, ou seulement 80 à 85 fr. A mesure que l'on s'éloigne de la ville, ce prix augmente, et nous avons vu, dans la Metidja, des charretiers principaux payés 60 fr. par mois et nourris, ou seulement 100 fr. par mois. Le commun des charretiers était alors payé de 80 à 90 fr. par mois. Maintenant on emploie à peu près indistinctement comme charretiers des indigènes ou des Européens, et sans différence de prix.

Manœuvres européens. — Il n'en est pas de même pour les manœuvres, terrassiers et autres; les indigènes sont payés beaucoup moins cher que les Européens. Voyons d'abord ceux-ci : le prix ordinaire du manœuvre européen est tombé maintenant à 2 fr. 50 c., sans nourriture, et même plusieurs colons, notamment M. Vialar, à Kouba, en ont parfois employé à 2 fr.; mais dans le fort de l'ouvrage, surtout au moment des foins, ces prix changent complétement : un faucheur dans le Massif demande encore 5 fr. par jour, et dans la Plaine on lui donne ces 5 fr., on le nourrit et on l'abreuve à discrétion; car en toute espèce d'ouvrage, plus on s'éloigne du centre, plus il devient cher.

Manœuvres indigènes. — **Quant aux manœuvres** arabes, on les paie depuis 1 fr. jusqu'à 1 fr. 5o c., et de plus, en tout cas, on leur donne chaque jour un pain de munition de 3o c.; mais cette différence de prix est généralement compensée par la différence d'ouvrage, car ils sont fort paresseux, et surtout par la différence d'intelligence et d'habitude dans les travaux; il est même certaines choses auxquelles on ne peut les employer, comme par exemple à faucher : ils n'en avaient jamais eu la notion avant nous, et n'ont pas encore pu s'y former. Ils sont, par exemple, bons moissonneurs et excellents pâtres ; un pâtre kabyle se paie 1 fr. par jour, plus le pain de rigueur.

Maintenant il est inutile de prévenir que les travaux ne s'exécutent pas, la plupart du temps, avec cette forme de salaire; ils sont ordinairement payés à la tâche : ainsi le quintal de foin coûte 1 fr. à faire faucher, la maçonnerie se paie, au mètre cube, 4 fr. 5o c. à 5 fr., ainsi des autres. Ces différentes formes de prix trouveront leur place au fur et à mesure qu'il sera besoin de les montrer.

Conclusion. — Qu'il suffise ici d'avoir indiqué dans le prix de journée de chaque ouvrier la base de tous les prix d'ouvrage, d'avoir montré que les ouvriers ne manquaient point en Algérie à ceux qui voulaient faire exécuter quelques travaux. La suite de cet écrit montrera si l'on peut faire manœuvrer ces hommes aux conditions ici énoncées en conservant pourtant pour soi le bénéfice légitime des capitaux, des risques et de l'industrie.

SECTION DEUXIÈME.

Passons maintenant aux embarras inévitables de notre installation. Et d'abord, il faut des terrains; comment les acquerrons-nous et à quel prix? Puis il faudra bâtir; comment arriver à construire dans des cantons peut-être fort éloignés? et le prix de ces constructions ne sera-t-il pas une charge trop lourde?

§ Ier.

Acquisition d'immeubles. — On peut acquérir, soit en obtenant une concession du gouvernement, soit en achetant à des particuliers. Toute acquisition dans le Massif ne peut guère s'opérer que par achat, et ainsi à titre onéreux; mais dans la Plaine, quoique déjà des Européens y possèdent de nombreuses propriétés, et que beaucoup d'anciens Maures ou Arabes y aient conservé leurs héritages, on peut néanmoins encore espérer y obtenir du gouvernement, à titre de concession gratuite, des propriétés même assez étendues. Cependant il ne faut point perdre la tête et s'égarer dans de vaines chimères à ce mot de concession gratuite;

sans doute, la plupart du temps, il y a là un avantage plus ou moins grand, mais réel, et quelquefois pourtant il peut y avoir bénéfice à prendre une acquisition plutôt qu'une concession ; nous en citerons de suite un exemple : si l'on trouve à acheter à un prix modéré une propriété sur laquelle existent déjà d'anciens bâtiments ou même des débris de bâtiments, offrant en outre des conditions raisonnables d'étendue, de salubrité, d'arrosement, de position, et que d'ailleurs il y ait peu de difficiles défrichements à exécuter, il est évident que cette propriété doit être préférée à une concession, où tout serait à créer et à défricher, et qui trop souvent laisse à désirer beaucoup par son éloignement des routes, des centres de population, et aussi pour sa salubrité ; il y aurait dans ce cas grand avantage dans l'acquisition à titre onéreux, et pour la facilité de l'installation, et pour l'argent à débourser en définitive.

Principes de la matière. — Voici donc, nous le croyons, le vrai principe de la matière : une concession coûte réellement tout l'argent qu'il faut dépenser pour l'approprier, quand le gouvernement n'y ajoute pas encore quelque charge : une acquisition coûte le prix d'achat, plus les dépenses à y faire pour l'approprier. L'homme prudent doit examiner et faire la balance des prix, en ayant égard toutefois aux avantages qui peuvent résulter des circonstances pour le présent et pour l'avenir, comme la position, la salubrité, l'eau, etc., etc. Ces considérations suffisent pour mettre à leur valeur véritable les avantages d'une concession gratuite et empêcher qu'on ne se fasse illusion à ce sujet.

Achats. — Quant aux achats faits aux particuliers, le mode d'acquisition est absolument le même qu'en France. Il est difficile d'établir le prix d'achat par une moyenne même hasardée. D'abord on conçoit que la distance des centres et la position occasionnent beaucoup de variations; et de plus, la spéculation s'est emparée des terrains, de sorte qu'il n'y a rien de fixe ni de certain à cet égard. Cependant nous allons présenter quelques faits et observations qui pourront sinon préciser une opinion, du moins jeter quelque jour dans l'esprit du lecteur.

Quelques données sur le prix des propriétés. — Dans le Massif, où le nombre des transactions, plus considérable, fournit des données plus faciles à saisir, il faut distinguer de la façon suivante : si les propriétés sont susceptibles d'une location aisée et d'un prix certain, ou s'il faut se charger de l'exploitation sous peine de louer à l'aventure ou même pas du tout. Les premières sont généralement tous les jardins qui fournissent le marché d'Alger dans un rayon de deux lieues, trois lieues et quelquefois plus, les propriétés d'agrément qui sont dans les environs immédiats d'Alger, avec le peu de terrains de culture qui peuvent s'y trouver joints; enfin, quelques propriétés même d'exploitation placées fort à portée. Ces propriétés, dont les prix de location peuvent aisément s'établir, se vendent généralement au taux de 12 à 15 p. cent, en déduisant d'abord sur le revenu la rente qui peut grever l'immeuble. La proximité de la ville, le plus ou moins de facilité de la vente, etc., etc., font varier le prix à peu près dans la limite de ces taux. Pour les autres propriétés du Massif, comme il est très-difficile d'en évaluer au juste le revenu, les prix deviennent très-variables; pourtant, en général, surtout quand on s'éloigne un peu, on doit considérer que le prix ne représente guère que les superficies qui existent, comme maisons, ruines, oliviers, plus la valeur approximative de la mise en état des terrains cultivables ou fauchables, c'est-à-dire que ce prix d'achat représente les dépenses que vous n'avez pas à faire. Il y a bien une somme en sus, mais la plupart du temps c'est une assez mince portion du prix, et on peut la considérer comme un pot-de-vin qui varie selon que l'acheteur ou le vendeur sont plus pressés l'un que l'autre pour la conclusion de l'affaire. Cependant il est des propriétés qui, par l'importance de leur étendue et de leurs produits, par l'avantage

4

ou l'agrément de leur position, montent à des taux plus élevés. Ainsi, nous citerons un immeuble assez vaste et bien cultivé qui peut rapporter environ 30,000 fr. nets à son propriétaire, et où il existe des mûriers plantés et des oliviers greffés, jeunes encore, mais en assez grand nombre; nous avons ouï dire, un peu vaguement il est vrai, qu'on en avait refusé 200,000 fr., ce qui le placerait environ à 15 p. cent; mais nous avons peine à le croire, malgré le bénéfice acquis résultant, en outre, de l'avenir des mûriers et des oliviers existants.

Dans la Mitidja. — Quant aux propriétés de la Mitidja il n'y a absolument aucun prix assis d'une manière certaine; sans doute il faut avoir égard à l'observation déjà faite, que le prix représente les valeurs superficielles que vous n'aurez pas à débourser; mais comme c'est ici surtout que la spéculation s'exerce, c'est là surtout aussi qu'il faut faire la part des occasions et des mille et une circonstances accidentelles. Quelquefois le prix se trouve au-dessous de cette valeur, quelquefois aussi il la dépasse; mais en tout cas on voit du premier coup d'œil que ces variations, qui ne sont jamais que de quelques mille francs, peuvent avoir de l'effet pour un spéculateur qui veut revendre en gagnant un peu sur le prix; mais cet effet est peu sensible quant aux résultats et bénéfices à attendre d'une grande exploitation que l'on veut entreprendre.

Conclusion. — En somme, il faut s'efforcer, quand on achète, de le faire au meilleur prix possible; mais on peut être à peu près certain que ce prix principal, conclu, du reste, avec les précautions que la prudence exige, n'exerce pas une grande influence sur l'opération.

Étendue de l'exploitation. — Il nous reste encore à dire quelques mots ici sur l'étendue que doit avoir l'exploitation telle que nous la concevons. Certes, si l'occasion se présentait dans le Massif d'obtenir un marché favorable, il serait bon d'y prendre une grande étendue de 100 à 200 hectares; car il ne faut pas perdre de vue que les travaux y sont moins chers, plus près du lieu de vente, et plus à couvert en cas de malheur. S'il arrive, ce qui est probable, que les prix soient fort élevés, il faudrait se contenter de ce qui est strictement nécessaire pour la petite succursale qu'on s'y proposerait, soit de 50 à 80 hectares (9). Dans la Mitidja il faut qu'une exploitation n'ait pas moins de 300 à 400 hectares : on peut en désirer un peu plus sans déraison; il n'y a même aucun désavantage à avoir 1,000 ou 2,000 hectares, surtout s'ils ne coûtent rien; mais nous ferons observer qu'une trop grande ambition deviendrait folie, car il est évident qu'en ne prenant même que 400 hectares, on ne pourrait réaliser la mise en valeur immédiate que du cinquième ou peut-être du quart, et ce, tant par raison de finance que par raison de prudence; or, que ferait-on de 2,000 hectares? sinon condamner de grands espaces à n'être défrichés que dans un temps fort éloigné, sinon agrandir et multiplier les vides qui sont déjà trop nombreux; on marcherait ainsi contre ses propres intérêts. Cependant, il est trop juste que si les travaux donnent de la valeur aux terres circonvoisines, on n'ait pas uniquement travaillé pour des voisins qui se seront peut-être croisé les bras : il est donc naturel qu'on prenne une plus forte portion que celle qu'on peut occuper de suite, mais cela avec mesure et raison, sans se laisser emporter par la vanité enfantine de posséder un grand désert.

§ II.

Construction. — Avant de nous engager dans le détail des prix de maçonnerie, matériaux et autres, relatifs aux constructions, il est bon d'exposer promptement ce qui est nécessaire de bâtiments. Comme nous ne voulons point discuter ici la manière dont on peut faire valoir les terres, nous ne parlerons nullement des distributions intérieures, nous établirons seulement la masse de bâtiments nécessaire, qui est toujours à peu près la même, soit qu'on exploite par soi-même, soit qu'on afferme à moitié et par portions à de petits ménages entre qui on partage la ferme, soit tout autre mode d'exploitation.

Bâtiments nécessaires. — Les usages reçus pour battre et serrer le grain et la paille dispensent de grange; les étables peuvent être écartées momentanément au moins, vu le climat, et les habitudes des bestiaux (10); mais il faut une cour bien close pour les y enserrer la nuit : le long des murs on pourra leur ménager dès abris ou hangars si on le juge convenable; il faut, de plus, une maison où l'on puisse loger le directeur et les gens de l'exploitation, et emmagasiner les denrées, les produits, etc. Nous calculerons donc, pour le strict nécessaire des premières années, une cour de 5o pieds sur chaque face, fermée de trois côtés par des murs de 1o pieds de haut y compris les fondations, et de l'autre par une maison à rez-de-chaussée occupant toute cette longueur, et de 15 pieds de profondeur; on aurait ainsi largement de quoi commencer, et les murs d'enceinte sont assez hauts non-seulement pour protéger, mais pour élever des appentis quand on le jugera à propos.

Prix des matériaux. — Toutes ces constructions comportent 181 mètres cubes de maçonnerie, et 1o stères 8 de charpente (11), dont nous allons établir les prix. L'extraction de la pierre coûte, aux environs d'Alger, 2 fr. 5o c. à 3 fr. le mètre cube; cela peut s'élever si l'on s'éloigne, et s'il y a

un découvert considérable à exécuter : dans l'in-
certitude de la localité, nous prendrons le prix le
plus élevé, 4 fr. par mètre cube. La chaux prise
sur place vaut, au plus, 3o fr. le mètre cube,
et dans plusieurs endroits on la vend à 28 fr. La
terre rouge, dont on se sert au lieu de sable dans
le mortier, ne peut revenir pour l'extraction qu'à
5o c. le mètre cube. La brique vaut 35 fr. le mille,
le bois de charpente en sapin vaut 5o fr. le stère,
mais il augmente un peu quand on choisit des
pièces de longueur comme une poutre, par
exemple; le cent de planches de 4 mètres de long
vaut 15o à 16o fr.; la tuile vaut 7o fr. le mille, ce
sont des tuiles rondes qui se posent sans lattes.
Voilà pour les matériaux.

Prix de la main-d'œuvre. — En calculant la
journée du maçon à 6 fr. à cause de l'éloignement,
on peut placer le prix du mètre cube de maçonnerie à 5 ou 5 fr. 5o c. de façon. La façon de la
charpente vaut 3o fr. le stère. Un four vaut 1oo fr.
de façon, les croisées et portes avec leurs cadres
coûtent 10 à 12 fr. le mètre carré, bois et façon
compris, etc., etc.

Prix du mètre cube de maçonnerie. — Il est
facile maintenant d'établir à quel prix revient le
mètre cube de maçonnerie; tout compris, il faut :

Un mètre cube de pierre.	4 fr.	00 c.
1/2 mètre cube de terre rouge. . . .	0	25
1/16 mètre cube de chaux (12). . . .	1	85
Façon des maçons.	5	50
Chaux et terre pour recrépir. . . .	1	50
Transport de la pierre, chaux, terre rouge, partie par nos voitures (13), partie par d'autres.	4	90

TOTAL du mètre cube de maçonnerie. . . . . . 18 fr. 00 c.

Cette somme de 18 fr. est supérieure aux évaluations faites pour l'administration, qui dans ses devis ne porte qu'à 15 fr. le mètre cube de maçonnerie (14). Nous avons dit plus haut qu'il fallait 181 mètres cubes de maçonnerie : à 18 fr. l'un, ils forment une somme de 3,258 fr. pour toute la construction.

Prix de la charpente. — Chaque stère de charpente à 50 fr. d'achat et 30 fr. de façon, vaut 80 fr., soit pour 10 stères 8 que nous avons consignés, 864 fr. Mais il faut ajouter à cette somme : 1° pour le transport que l'on ne pourrait exécuter avec ses seules voitures, nous mettrons 10 fr. par stère, tant pour le bois que nous ferons transporter que pour celui que nous mènerons nous-mêmes l'un, compensant l'autre ; 2° pour le débit des petits chevrons en biseau destinés à supporter les tuiles ; 3° pour quelques pièces de charpente qui coûteront plus de 5o fr. le stère, et les déchets. Nous mettrons donc pour la charpente une somme totale de 1,100 fr.

Toiture. — Pour 160 mètres carrés de couverture, il faut environ 6,5oo tuiles qui, à 70 fr. le millier, font 455 fr.; avec la pose à 5o c. le mètre, 535 fr.; plus pour le transport des tuiles, les faîtières, etc., 133 fr. Total pour la toiture, 668 fr.

Pour planchéier le grenier de 70 mètres carrés, il faut 90 planches qui, avec leur pose et transport, coûteront 200 fr.

Total de la construction. — Voici maintenant le résumé de ces dépenses : maçonnerie, 3,258 fr.; charpente, 1,100 fr.; toiture, 668 fr.; plancher, 200 fr.; total, 5,470 fr. pour les bâtiments tout nus, y compris seulement les divisions intérieures.

Arrangements intérieurs. — A cette somme nous ajouterons 3,53o fr., pour les arrangements intérieurs tels que cheminées, fours, carrelage, portes, fenêtres, ferrements, etc., pour dépenses imprévues, insuffisances de devis et accidents. De la sorte, on arrive à un total de 9,000 fr. pour la construction entière.

Construction en tobles ou en pisé. — Si on se trouvait dans l'impossibilité d'avoir de la pierre à portée, ce qui arrive assez fréquemment dans la Mitidja, on aurait plusieurs ressources, soit au

moyen des tobles, qui sont formés avec de la terre
mêlée de paille hachée et détrempée d'eau de
chaux, le tout moulé par cubes et employé ensuite
pour bâtir, soit au moyen du pisé, pour lequel on
trouve très-souvent dans la Mitidja un sable excellent, et avec lequel il acquiert la plus grande du-
reté. En tous cas, ces différents modes de construction, moins solides sans doute que la pierre, sont
aussi moins coûteux; de sorte qu'il est inutile de
faire pour eux un devis spécial, puisque le précédent serait plus que suffisant.

Observations sur le prix de la construction. —
Une fois arrivés ainsi au prix total des bâtiments,
nous ferons observer que les prix dont nous avons
fait usage sont tous portés au maximum; que de
plus, dix pieds pour les murs d'enceinte y compris leurs fondements, est peut-être une élévation
un peu forte; que l'on peut économiser une assez
grande quantité de bois de charpente en élevant
en pignon les murs de refend qui diviseront l'intérieur; enfin, que si l'on réduisait la hauteur du
pignon à 8 pieds au lieu de 10, il y aurait une notable économie sur toute la charpente; de la sorte,
il est peu probable que ces devis soient dépassés,
comme il arrive si souvent; le contraire serait
plutôt à présumer ici.

Mais nous remarquerons, pour n'induire personne en erreur, que dans un délai peu éloigné,

aussitôt les craintes sur l'avenir dissipées, quand on pensera à donner à ces établissements le développement qu'ils comportent, il faudra, indépendamment de tout agrandissement de bâtiments, faire une cave, des appentis pour les bestiaux, un puits ou une citerne, et des réservoirs d'eau pour les jardins. Peut-être même, si on ne parvient à se placer dans le voisinage d'eau ou de source, devrat-on de suite faire un puits ou une citerne : le premier, si c'est dans la Mitidja, ne serait pas fort coûteux ; mais la citerne en tout lieu reviendrait à un prix très-élevé.

On voit donc, par tout ce qui restera à faire après ces premières constructions, que nous n'ayons vraiment indiqué que le strict nécessaire ; néanmoins il est certain que l'on pourrait marcher avec cela seulement, sinon avec tous les développements et avec tous les avantages que l'on trouverait autrement, du moins d'une manière assez fructueuse pour engager à exécuter les dépenses subséquentes. Il est bien certain qu'indépendamment de cet obstacle, on ne pourrait immédiatement prendre toute l'extension désirable ; la progression prudente et mesurée des défrichements, la jeunesse des plantations, et autres difficultés, suffiraient pour comprimer tout développement pendant les premières années.

Enfin, il convient de dire que si l'on achetait

en même temps une petite propriété dans le Massif, il est probable qu'il y aurait à faire des dépenses d'appropriation variables selon les circonstances.

Conclusion. — Quoi qu'il en soit, nous croyons avoir démontré par ce qui précède que la construction même entièrement à faire de nos bâtiments rentrait dans les difficultés ordinaires, et faciles à surmonter, et que la dépense en pareil cas n'était guères différente de celle nécessaire pour établir une bonne ferme en France. La suite fera voir que ces frais ne sont nullement disproportionnés aux produits à espérer, et arriveront même promptement à être complétement couverts.

SECTION TROISIÈME.

Insalubrité prétendue. — Avant de terminer ce chapitre, nous devons dire deux mots d'un obstacle qui existe dans l'imagination de plusieurs, savoir : de l'insalubrité qu'on attribue généralement à l'Afrique. Il est bien constant aujourd'hui qu'une conduite rangée, sobre, laborieuse et dirigée à son principe avec les précautions nécessitées par le changement de climat; il est constant, disons-nous, qu'une pareille conduite est là comme partout ailleurs un gage assuré de santé. Mais si, comme la plupart des ouvriers, on ne profite des hauts salaires, des bénéfices considérables, que pour s'adonner aux liqueurs fortes, et se livrer aux débauches de toutes sortes; si comme nos soldats on s'expose sans précaution et sans soin à toutes les intempéries, ou si, déjà débile en France, vous vous exposez aux crises d'un changement de pays, il est probable que vous recueillerez la maladie et peut-être la mort.

Cantons marécageux. — Nous savons que certains cantons portent en eux-mêmes de grands germes d'insalubrité; mais partout ailleurs leur nature marécageuse aurait les mêmes résultats; or a-t-on jamais ouï dire que la France eût un climat dangereux parce que la Bresse et tant d'autres régions sont excessivement malsaines. La prudence veut sans doute que l'on s'éloigne de ces lieux jusqu'à ce que le gouvernement y ait exécuté les travaux nécessaires; mais partout ailleurs, pourvu qu'on ait le ferme dessein de mener la vie qui convient, on peut s'établir en toute sécurité.

Comparaison des militaires actifs avec les habitants et avec les condamnés. — Pour toute preuve de ces assertions, nous nous contenterons d'appeler l'attention sur la disproportion entre l'état sanitaire des militaires et celui des civils, et si, parmi ces derniers, on déduisait les maladies causées par les excès de tout genre, il y a à gager que l'on trouverait moins de malades qu'en France parce qu'il y a moins de misère. Mais ce qui est plus concluant encore, c'est la comparaison entre les régiments et les condamnés militaires internés à Alger; les premiers donnent souvent une effrayante proportion de malades, les seconds n'en ont presque jamais. Les premiers ne sont entourés d'aucune précaution (15) : harassés de fatigue pendant les campagnes, ils y font succéder immédiatement les débauches les plus excessives, voilà les causes de leur mortalité. Les seconds sont astreints aussi à de pénibles fatigues, sous le soleil brûlant; mais ils sont couchés à l'abri, mènent une vie réglée de toutes manières, et sont garantis dans leur captivité contre toute espèce d'excès : voilà les causes de leur santé.

CONCLUSION.

Conclusion générale. — Parvenu, enfin, à bon port à travers les embarras de toute nature qui poursuivent l'arrivant jusqu'à son installation, quelle conclusion tirera-t-on de tout ceci? La voici : parmi ces obstacles, les uns apportent des entraves provisoires, il faut s'en garantir avec prudence, et laisser faire le temps; tout porte à croire qu'il les fera bientôt disparaître; les autres se résolvent en dépenses dont l'ensemble forme, à peu de chose près, le capital d'établissement. Faisant une masse de tous ces frais, nous composerons ce capital, pour comparer en son lieu et place cette conclusion avec celle que nous donnera l'étude des produits. Le résultat que nous fourniront ces derniers, déduction faite du prix de revient, sera positivement l'intérêt que nous pourrons espérer du capital engagé, et là se manifestera visiblement si des bénéfices réels peuvent sortir des opérations, et s'ils sont proportionnés à leur éloignement et aux chances qu'elles peuvent courir.

Les dépenses que nous avons vues ci-dessus comme nécessaires, sont :

1° *Frais de défrichement.* — Les dépenses de défrichement : si l'on n'a qu'une grande exploitation dans le Massif de 3oo à 35o hectares, elle entraînerait, d'après ce que nous avons dit, 3o,ooofr. à peu près de défrichements ; mais ces 3o,ooo fr. supposent la propriété entière mise en valeur, ce qui ne saurait avoir lieu qu'après un certain laps de temps ; il s'agit seulement ici de connaître le capital à engager dans les premières années ; pour le surplus, on sera maître de le dépenser, si la progression de la population et les produits du pays offrent des gages de succès, ou de le retenir dans le cas contraire. En mettant donc trois ans pour arriver à cette expérience, nous porterons à 15,000 fr. le chiffre des défrichements pendant ce temps. Si l'on a une grande exploitation dans la Plaine et une petite dans le Massif, les dépenses seront certes bien moins fortes, car la Plaine offre peu de défrichements onéreux ; mais il y aurait alors quelques frais de fossoiement ou d'assainissement ; quelques défrichements dans l'immeuble du Massif ; nous laisserons donc subsister, même pour ce cas le chiffre de 15,000 fr.

2° *Dépenses d'acquisition.*— Les dépenses d'acquisition, pour lesquelles nous fixerons une somme de 40,000 fr. : à ce prix, en effet, on peut espérer avoir un bel et grand immeuble dans le Massif, ou, s'il était dépassé, ce ne pourrait être qu'en raison de quelques constructions ou travaux de défrichement déjà existants, de sorte que nous serions dispensés de déboursés égaux, portés ailleurs en ligne de compte. Dans une autre hypothèse nous pourrions, pour 15 à 20,000 fr. acquérir quelque petite propriété en assez bon état, et une plus considérable dans la Mitidja avec les 20 ou 25,000 fr. restants ; l'excédant du prix, s'il y en avait, ne pouvant encore être motivé que par des valeurs superficielles équivalentes. Nous ferons observer, dans ce dernier cas, que si l'on obtenait une concession convenable dans la Mitidja, ce qui serait très-faisable, ce serait autant à rabattre sur le prix à débourser.

Nous portons néanmoins pour acquisition 40,000 fr.

3° *Frais de construction.* — La construction, pour laquelle nous avons conclu à 9,000 fr., et que nous porterons à 10,000 fr., pour plus de sécurité et en vue de toute éventualité qui puisse survenir; de plus, nous placerons 2,000 fr., pour frais d'appropriation, si l'on acquérait une propriété secondaire dans le Massif ; soit en tout 12,000 fr.

Total du capital d'établissement. — Le total de ces sommes est de 67,000 fr., auxquels il conviendra d'ajouter plus tard, pour compléter le capital d'établissement, les frais de plantations, d'acquisition de bestiaux, d'outils, et quelques autres que la suite nous fera connaître.

Détails des risques à courir. — Mais les difficultés se résolvent non-seulement en dépenses, mais encore en risques à courir; nous terminerons en décomposant ce capital, pour connaître les parties qui en seraient compromises, dans l'hypothèse la plus fâcheuse, celle d'une guerre qui ramènerait les désastres de 1839. Premièrement, toutes les dépenses qui ne sont pas immobilisées, comme outils et bestiaux, peuvent être soustraites à tout danger par la retraite, comme l'expérience l'a montré. Secondement, parmi les dépenses immobilisées, il en est qui sont hors de toute atteinte, telles que le prix de l'acquisition, et les frais de défrichement, comme le terrain ne peut s'enlever, ce sont choses que l'on retrouvera toujours; cependant il peut se faire que les défrichements soient un peu altérés, surtout s'ils sont récemment exécutés, et que leur délaissement dure long-temps; nous porterons à cet effet le cinquième des frais, soit 3,000 fr.; troisièmement, il reste les frais de construction et de plantations; mais pour les plantations il y a peu à craindre, car on aura dû être fort réservé sur leur chapitre dans la Plaine, et les exécuter d'abord dans le Massif; de plus, les plantations bien espacées courent peu de risques de la part des Arabes, qui brûlent, mais ne coupent guère. Pour les constructions, il ne peut s'agir ici que de celles de la Plaine, et encore en restera-t-il au moins presque tous les murs, ainsi que nous avons pu le voir dans les exploitations incendiées pas les Arabes. Nous ne compterons, pour les dommages à craindre dans les plantations et constructions, que 10,000 fr. de risques.

Quotité de ces risques. — Ainsi, il n'y a, en réalité, qu'une somme de 13,000 fr. d'aventurée sur le capital d'établissement. Nous savons qu'il convient d'y joindre les récoltes qui pourraient se trouver sur pied à ce moment; néanmoins on avouera que, quand il s'agit d'une si petite quotité sur le fonds total et à propos de risques aussi éloignés et aussi peu probables que ceux-là, il faudrait que partout ailleurs les bénéfices fussent bien minimes ou l'entreprise bien peu attrayante, pour que cette considération écartât les capitaux. Or, nous avons déjà montré que l'entreprise est une des plus utiles et des plus intéressantes qui puissent s'exécuter aujourd'hui. Nous allons maintenant, en parlant des produits, faire voir qu'elle ne sera pas moins fructueuse.

CHAPITRE III.

Des produits.

SECTION PREMIÈRE. — *Fourrages et bestiaux.*

Avantages de la culture du foin. — Ce n'est pas sans raison que nous plaçons le foin en tête et comme le premier de tous les produits : c'est qu'il est en effet le plus précieux et le plus convenable de tous pour la situation actuelle. C'est lui qui demande le moins de main-d'œuvre, qualité précieuse dans un pays où elle est si chère ; il n'exige, pour ainsi dire, pas de déboursé jusqu'à sa récolte, avantage considérable là où les récoltes peuvent être pillées ou brûlées sur pied ; il vient naturellement, et sans gros frais, presque partout ; il donne des produits de suite, et ainsi fait attendre patiemment les revenns si longs à arriver des plantations ; il permet d'établir immédiatement la meilleure des méthodes agricoles, qui consiste à produire surtout des fourrages ; enfin, malgré la baisse de prix qui l'a frappé ces dernières années, vu la grande abondance de la production, c'est encore, surtout en le considérant au point de vue de la certitude, le plus fructueux des produits.

Culture du foin. — La culture du foin, en Afrique, ne ressemble ni à celle de nos prairies naturelles ni à celle de nos prairies artificielles ; elle tient des deux. La plupart du temps, sans doute, si on laisse la terre livrée à elle-même, elle porte naturellement une assez abondante récolte d'herbe ; mais ces herbes sont mélangées et d'inégale venue. Il est nécessaire que le travail de l'homme intervienne pour obtenir des foins plus propres, plus longs et mieux fournis ; on façonne donc la terre à la charrue, quand le défrichement peut s'opérer ainsi ; sinon, on fait un défrichement préalable, puis une année de céréales bien fumées, après quoi on herse et on laisse à elle-même la terre, qui, sans autres dépenses, fournit, dès l'année suivante, une abondante récolte de fourrages. Telle est la simple méthode employée pour préparer et obtenir en Afrique de bonnes prairies.

Prix du fumier. — Quelques-uns fument encore après les céréales avant de herser ; c'est fort bon sans doute, mais ce n'est guère faisable que dans le moment actuel, où le fumier ne coûte que la peine du charroi (à Alger seulement il vaut 5o c. par voiture); d'autres ne fument ni les céréales ni le foin : c'est une négligence impardonnable, aussi leur récolte s'en ressent-elle. La prairie reste ainsi quelques années, après quoi l'herbe faiblit et se mélange de mauvaises plantes, surtout dans le voisinage des friches incultes qui y envoient leurs graines. Les uns se contentent de raviver l'herbe en y faisant répandre du fumier; d'autres retournent de nouveau leurs terres à la charrue, et font une nouvelle année de céréales; c'est, nous croyons, le meilleur parti. La durée de ces prairies est fort variable : dans les vals, dans les terrains argileux et profonds, elles persistent beaucoup plus long-temps, et souvent, dans ce cas, il suffit d'y mettre de temps en temps du fumier; dans quelques endroits, elles dégénèrent promptement. La quantité du produit suit les mêmes variations.

Nature de l'herbe. — La nature de l'herbe est fort diversifiée, mais toujours savoureuse, très-nourrissante et saine. Communément, c'est un mélange d'herbes ordinaires de prairie, d'alpiste, de trèfle, luzerne bâtarde et minette. Dans les endroits humides, on trouve en abondance le trèfle blanc, qui se tient couché, mais qui atteint ainsi 4 à 5 pieds de long. Dans les coteaux de Delhi-

Ibrahim, et généralement dans les terrains glaiseux, vient une espèce de sainfoin connu sous le nom de grand-sainfoin, très-rouge de fleur, très-gros et charnu. Il ne donne ses belles et pleines récoltes que tous les deux ans; il pousse et fleurit néanmoins tous les ans : c'est un des fourrages les plus parfaits que l'on puisse trouver. Enfin, les plus beaux foins que nous ayons jamais vus étaient dans une prairie de la Mitidja, non loin de l'Oued-Djemma, près d'une tribu dont le nom nous échappe. C'était à peu près uniquement de grande et belle luzerne d'une espèce particulière; les troupeaux y avaient pacagé librement comme partout ailleurs; néanmoins la récolte, achetée par un colon, montait uniformément, et presque sans parties faibles, jusqu'au poitrail de nos chevaux. On espérait y cueillir par hectare 5o quintaux métriques * de foin.

Rendement. — Reste maintenant à établir le rendement et le produit pécuniaire du foin. Il est des fonds de terre qui donnent jusqu'à dix milliers de foin par hectare ou 5o quintaux métriques, et il n'est pas de prairie convenablement entretenue qui descende au-dessous de six milliers ou 3o quintaux métriques. D'après tout ce que nous avons vu des récoltes de l'Algérie, nous sommes convaincus

* Le quintal métrique est de 1oo kilogr., il en faut cinq pour faire les cent bottes ou le millier pesant de France.

que la moyenne est au moins de 40 quintaux par hectare ; cependant nous ne calculerons que 35 quintaux de produit moyen.

Prix du foin. — Les prix du foin sont déterminés tous les ans par le gouvernement, qui en est le principal acheteur pour sa cavalerie ; ils étaient en baisse, cette année, à 9 fr. le quintal métrique ; mais, pour nous placer au niveau de toutes les éventualités, nous ne supposerons qu'un prix de 7 fr. par quintal. Or, 35 quintaux, à 7 fr., font, pour le produit d'un hectare, 245 fr., sur quoi nous allons déduire les frais de récolte et autres.

Frais de récolte. — La récolte des foins se fait à l'entreprise, dans les petites exploitations des environs d'Alger, à raison de 2 fr. par quintal au plus, y compris le fauchage, fanage et bottelage. Dans les grandes exploitations, ces opérations se font séparément (16) : les faucheurs sont à la tâche à raison de 1 fr. par quintal ; les faneurs sont des Kabyles payés à la journée, que le maître ou un maître-ouvrier dirige et stimule : le quintal de foin, fané et emmeulé de cette manière, revient à peu près à 65 c. ; enfin, le bottelage s'exécute plus tard, au moment de livrer le foin, à raison de 25 c. par quintal ; en tout, cela fait 90 c. Mais on doit dire que nous avons vu des cultivateurs, notamment MM. de Franclieu et M. Caminade, à qui leurs foins n'étaient revenus qu'à 1 fr. 50 c. le quintal.

Lorsque vous êtes près du lieu de livraison, vos frais se bornent à peu près là; car vous faites conduire votre foin par vos bœufs que l'on nourrit dans les friches et pacages, et qui sont ainsi fort peu dispendieux. Si vous êtes un peu éloignés, il faut recourir à un mode supplémentaire de transport, qui est fourni ordinairement par les chameaux des Arabes. On en a transporté ainsi, cette année, du fond de la Plaine à Alger (environ cinq à six lieues, ce qui est la plus lointaine distance), pour 1 fr. le quintal; mais ces prix ne purent être obtenus que par ceux qui avaient de longue main la pratique des Arabes, et qui s'y prirent d'avance; les autres durent passer à 1 fr. 50 c.; il y en eut même qui payèrent 2 fr.

Produit net. — On voit par là que, dans un ráyon de deux ou trois lieues autour d'Alger ou de tout autre centre de livraison, comme Blidah, Bouffarik, etc., il reste net au propriétaire 5 fr. environ par quintal, ou 175 fr. par hectare. Dans un rayon plus éloigné, il lui reste de 3 fr. 50 c. à 4 fr. par quintal, ou 122 fr. 50 c. à 140 fr. par hectare, le tout calculé sur la plus basse échelle. Du reste, quand la terre a été dépouillée de la récolte de foin, il ne faut compter sur aucun regain; les tronçons d'herbe sont immédiatement brûlés par le soleil, et la terre est frappée de stérilité jusqu'à l'hiver, à moins qu'elle ne soit daus un fond humide ou susceptible d'arrosement.

Des bestiaux. — Comme les cultivateurs disposent de moyens fort restreints, il existe sur toutes les propriétés d'immenses friches couvertes de broussailles, que le défrichement n'atteint que lentement, et qu'il ne peut même pas atteindre du tout maintenant quand elles sont couvertes de palmiers nains; dans ces grands terrains la faux ne peut courir librement, et cependant sous ces broussailles l'herbe vient abondamment, et même s'y conserve plus longtemps fraîche que dans les lieux découverts; on recueille cette herbe au moyen du pâturage des bestiaux, que l'on vend ensuite avec bénéfice en bon état de graisse.

Des bœufs. — Il en est qui se contentent du simple pâturage, sans rien leur donner à l'étable; d'autres ajoutent pour les bœufs, avant de les vendre, un peu d'orge et de féveroles. Les Arabes les laissaient toujours dehors; pour nous, nous les rentrons le soir par prudence dans une enceinte de murs; on pense de plus qu'il est utile de ménager autour de cette cour des hangars où ils puissent se mettre à l'abri. La seule dépense importante est celle des pâtres; ce sont des Kabyles (17), très-propres et très-exercés à cette occupation, que l'on paie 1 franc par jour, plus un pain de munition de 30 c. qui forme leur nourriture, soit 40 francs environ par mois. Pour un troupeau de 100 bœufs, il en faudrait 2, ce serait donc 80 francs par mois. Ces bœufs s'achètent maigres en août ou septembre, alors que la rareté des pacages fait tomber les bestiaux aux plus bas prix; puis on les revend en bon état en mars ou avril, les prix se relevant à la pousse de l'herbe. La paire de bœufs valait en août 80 francs et on les revendait en mars depuis 150 jusqu'à 200 francs, les moutons s'achetaient 11 francs pièce et se vendaient 20 francs; mais les prix d'achat ont beaucoup augmenté cette année, surtout pour les bœufs, et on ne peut guère prévoir sur quelle échelle s'établira désormais la proportion des bénéfices, mais ils ne peuvent descendre au-dessous de 15 à 20 pour cent tous frais déduits, autrement ils ne vaudraient plus la peine que l'on s'en occupât, et ils ne tarderaient pas ainsi à se relever.

Frais et profits. — La mise de fonds, pour un troupeau de 100 bœufs, doit être évaluée à 10,000 francs, car la paire de bœufs vaut bien maintenant 200 francs. La garde du troupeau coûtera, pour 6 à 7 mois qu'on le conserve, à 80 francs par mois, 560 francs. Supposons en outre, pour faire la part des maladies ordinaires et des accidents, que nous ayons perdu 4 paires de bœufs, tant pour les pertes réellement éprouvées que pour la dépréciation des bœufs inférieurs qui peuvent rester en rebut, il ne resterait donc plus à vendre

que 46 paires de bœufs; en les plaçant à 260 francs,
c'est très-probablement se placer au-dessous de
ce qui aura lieu, ils produiraient ainsi 11,960 fr.
Nous avions dépensé 10,560 francs. Il reste donc
en bénéfice 1,460 francs, plus leur travail et leur
fumier.

Jusqu'à présent l'élève des bœufs avait été abandonné aux Arabes, mais depuis que les bêtes maigres ont si fort augmenté de prix, il serait peut-
être fructueux aussi pour les Européens de s'en
occuper.

Des moutons. — Quant aux moutons, la meilleure et la plus sûre manière d'en profiter est de
les élever. La dépense s'élève environ à 2,000 fr.
pour l'achat de 150 brebis, et d'un bélier; plus
480 francs pour le paiement et l'entretien d'un
pâtre kabyle, en tout 2,480 francs. Les valeurs
produites au bout de l'année sont : 1° le lot de brebis que nous n'évaluerons qu'au même prix soit
2,000 francs; 2° la laine : avec un minimum de
2 livres par bête, il y aurait 300 livres de laine; elle
vaut en Afrique 55 à 60 centimes par livre, ce qui
produirait 160 francs au moins; 3° 100 à 130
agneaux, qui, à 6 fr. pièce, prix minime, donnent
de 6 à 800 francs. Total au bout de l'année 2,960
francs. Il reste donc un bénéfice de 480 francs.

Des chevaux. — Enfin, nous terminerons la
question des bestiaux par un produit, qui est

sans doute appelé à jouer un rôle important dans l'avenir de l'Afrique; et qui dans le moment actuel, malgré le défaut de haras et le manque plus grand encore de bonnes poulimières du pays, n'a pas laissé d'offrir de beaux bénéfices à quelques colons, en tête desquels nous citons M. Frutié; c'est l'élève des poulains. Fort restreinte maintenant, nous croyons que cette branche de l'industrie agricole doit arriver un jour aux honneurs de l'exportation. L'excellence de la race arabe, et ses précieuses qualités en sont les garants; et du moment que la pacification plus intime encore du pays aura fourni au gouvernement les moyens de s'occuper davantage de cette question, on devra y trouver de grands et légitimes bénéfices. Dès maintenant cependant, plusieurs cultivateurs, comme nous l'avons dit, nous ont assuré avoir avantageusement élevé et vendu à plusieurs reprises de jeunes poulains.

Par ces quelques considérations sur le pacage et l'éducation des bestiaux, on voit de suite tout le parti que l'on peut tirer des grands espaces de terre que le défrichement ne peut immédiatement atteindre, le tout indépendamment des produits résultant de la culture et du travail dans les terrains nettoyés et en exploitation.

SECTION DEUXIÈME. — *Du blé.*

Culture des Indigènes. — Les Arabes, avant nous, cultivaient le blé fort en grand, et en faisaient même un commerce étendu avec l'Europe, ainsi qu'en font foi nos anciennes relations commerciales avec les états barbaresques. Aujourd'hui encore ils continuent cette culture, et nous tenons à la décrire ici telle qu'ils la pratiquent, afin qu'on juge par là quels devront être nos bénéfices futurs, si avec de pareils moyens ils en réalisaient eux-mêmes autrefois de fort considérables.

Les anciens propriétaires louaient leurs fermes à portion à un fermier arabe, qui s'adjoignait, quand les terres étaient étendues, d'autres laboureurs dits khammas (laboureurs au cinquième). Les bœufs et les outils étaient fournis par le maître, et les locataires, après avoir mis le feu aux mauvaises plantes, donnaient une façon à la terre avec une petite charrue de bois, effleurant à peine le sol, le tout sans fumier ; puis le maître donnait ce qu'il pensait devoir être nécessaire de semence à son fermier, et celui-ci la transmettait, chacun pour sa portion, aux autres laboureurs ; mais cette semence n'arrivait à la terre qu'après avoir subi de notables réductions de la part du fermier et de la part des laboureurs ; outre ce salaire, sous forme d'escroquerie autorisée par l'usage, le maître faisait à tous par paire de bœufs une avance en argent de 70 francs, et une avance de deux mesures de froment et deux mesures d'orge.

Cependant, après avoir été couverte par un nouveau coup de charrue et quelquefois par un fagot d'épines, la semence fort clair-semée poussait comme elle pouvait sur cette terre mal préparée et non fumée. Quand approchait l'époque de la maturité de l'épi, il fallait pendant plusieurs jours avoir du monde pour battre les buissons voisins, afin d'empêcher les nombreux oiseaux qui arrivent à cette époque, d'y établir leurs quartiers et de là de dévaster le champ; c'était encore le maître qui payait. Puis arrivait la récolte que le maître faisait exécuter, mais sur laquelle enfin il prélevait les quatre cinquièmes, plus les avances de grains et d'argent faites aux laboureurs. Et qu'on ne s'extasie pas devant cette proportion de quatre cinquièmes : que l'on songe que le maître a tout fourni, tout payé, et que, de plus, sa semence ayant été consommée à moitié, il n'a guère que le tiers du produit légitime de ses avances, car sans plus de frais il eût eu une récolte bien plus considérable; et pourtant, malgré ces défavorables circonstances, non-seulement il couvrait ses déboursés, mais encore il vendait avec profit de grandes masses de blé sur le marché des côtes.

Avantages occasionnels de cette culture. — Du reste, avec ces cultivateurs indigènes il n'est besoin de bâtiments d'aucune espèce, ni de frais de défrichements ou autres analogues ; ce mode économique d'exploitation a engagé plusieurs Européens qui ne disposaient point de ressources suffisantes, à se servir de cette vieille méthode ; et il est hors de doute qu'il pourrait être souvent à propos de l'employer pour les terres encore en dehors de l'exploitation, ou pour les acquisitions postérieures que l'on n'exploiterait pas immédiatement.

Examen critique de cette méthode. — A côté de cette triste culture, montrons ce qu'on pourrait faire et ce qu'on pourrait obtenir : d'abord nous dirons quelques mots d'une opinion bien souvent réfutée, à savoir, que ces labours superficiels et sans fumier, cette méthode des Arabes, était véritablement la méthode qui convenait au pays. La terre d'Afrique, pas plus qu'aucune autre, ne repousse les labours profonds et les fumures énergiques ; quel est donc le champ qui peut perdre à avoir une couche plus profonde, pénétrée d'air, de chaleur et de sucs azotés ? Mais, comme la terre est naturellement moins froide que celle que nous cultivons ici en France ; comme la moindre atteinte donnée à la racine des mauvaises plantes les expose à la chaleur qui les brûle ; comme enfin la terre était neuve de cultures épuisantes, on a senti un besoin moins urgent des puissantes charrues qui renversent le sol, et du fumier qui le répare en l'échauffant ; voilà la cause de l'erreur. Et cette observation est utile, en nous montrant qu'on peut provisoirement, du moins, conserver encore la petite charrue mahonaise, sans se causer un trop grand préjudice, et en s'adjugeant des avantages très-importants dans les circonstances présentes : 1° cette charrue n'exige qu'un homme ; 2° c'est celle à laquelle sont habitués les Espagnols, qui, sans contredit, sont les meilleurs ouvriers agricoles du pays ; 3° elle est peu coûteuse (18), et si simple, que ses réparations peuvent être faites aisément et sans dépens par le cultivateur même, évitant ainsi le recours trop fréquent aux charrons, qui peuvent être éloignés et qui coûtent de 5 à 6 francs par jour. Dans les circonstances présentes, tout étant donc balancé, nous croyons qu'il y a avantage à conserver cette charrue, sans préjudice pour l'avenir, et sans préjudice aussi des perfectionnements que l'on peut avec elle seule apporter aux labours.

Du fumier. — Ce serait apporter de la négligence que de ne pas fumer ses terres convenablement par ses nombreux troupeaux, quand on a si aisément du fumier chez soi ; qu'en outre, sans autres dépens que le charroi, on peut en prendre autant que l'on veut près des camps de cavalerie, qui le jettent; le fumier ne se vend que dans la seule ville d'Alger, et encore à raison de 5o c. par tombereau, ce qui est à peu près pour rien.

Moisson. — Quand les blés sont presque mûrs, il est bon d'avoir comme les Arabes des batteurs de buissons pour écarter les oiseaux; quelques Kabyles, à 1 fr. 25 cent. par jour, préservent un bien grand espace; et il est remarquable que, lorsque ces oiseaux ont été effarouchés ainsi pendant quelques jours à leur arrivée, ils ne reviennent point. La moisson se fait par des Kabyles, qui descendent alors des montagnes par troupes; on bat immédiatement le blé, dehors au dépiquage, c'est-à-dire avec les pieds des chevaux. Quand on veut obtenir de la paille longue, on bat à la planche, et la différence du prix de la paille compense amplement la différence des prix du battage. La récolte battue s'emmagasine rarement, on la vend de suite; dans le cas contraire, on fait des trous en terre en manière de silos, et on couvre de paille, puis de terre; la paille se conserve en meulons. On voit ainsi qu'on n'a pas besoin de granges.

Rendement du blé. — Le rendement du blé n'a nulle part été observé moindre dans les années communes, de 8 pour 1, et dans la Métidja souvent il s'élève à 18 pour 1. Cependant nous prendrons le minimum de 8 pour 1 pour baser nos évaluations de bénéfices.

Frais de culture et de récolte. — **Les dépenses** se composent des façons à donner avec les accessoires, du prix des semences, des batteurs de buissons, de la récolte et frais subséquents. Les façons étant données avec les bestiaux de l'exploitation, ne peuvent être portées en dépenses que pour l'homme qui tient la charrue; en mettant ses journées à 2 fr. 50 cent., cela fait, pour les deux façons d'un hectare, à deux journées l'une, la somme de 10 fr.; plus pour le hersage et pour semer deux journées, 5 fr.; plus pour porter les fumiers, 5 fr.; la semence, à raison de deux hectolitres par hectare, fait, à 15 fr. l'hectolitre, 30 fr.; en mettant cinq batteurs de buissons pour douze hectares pendant cinq jours, c'est une dépense de 2 fr. 55 c. par hectare; enfin, la récolte et ses accessoires ne peuvent être évalués à plus de 30 fr. par hectare; car le battage se faisant par le pied des chevaux est peu coûteux.

Nous avons donc pour la totalité des dépenses, 82 fr. 55 c.; nous mettrons 83 fr.

Produits et bénéfices. — Passons maintenant aux recettes. D'après la base moyenne que nous avons prise de 8 pour 1, nous récolterons par hectare 16 hectolitres; nous placerons l'hectolitre, en calculant proportionnellement * aux mesures du pays, au prix moyen fort bas de 13 fr. On peut

* Voir les mesures du pays au dernier chapitre.

6

espérer qu'un jour le gouvernement protégera plus efficacement les producteurs indigènes, et qu'alors s'amélioreront ces prix, si inférieurs à ceux de France. Mais quoi qu'il en soit, et en prenant les prix tels qu'ils sont, nous avons 16 hectolitres, qui, à 13 fr. l'un, donnent 208 fr.; de plus, vu la grande facilité de se procurer des engrais, il est d'usage de vendre au moins la moitié de sa paille; or, en évaluant à 20 quintaux métriques la récolte de paille sur un hectare, nous aurions à vendre 10 quintaux; la paille brisée vaut 6 fr. le quintal, ce serait donc un produit de 60 fr. Nous avons donc 208 fr. de blé et 60 fr. de paille, soit 268 fr. de recettes. Nous avons, d'autre part, dépensé 83 fr.; il reste donc 185 fr. de bénéfice, que nous réduirons, pour faire un compte plus rond, à 180 fr., qui forment le produit net de la culture du blé par hectare.

De l'orge. — La culture de l'orge donne lieu à peu près aux mêmes observations; seulement, comme on ne donne qu'une façon et que les semences sont moins chères, les frais ne montent pas au-delà de 60 fr. Quant à la récolte, elle rend peut-être une proportion un peu plus forte; mais comme l'orge ne vaut guère que 5 fr. la mesure ou 6 fr. 25 c. l'hectolitre, le produit, avec la paille, ne peut guère s'évaluer à plus de 160 fr. par hectare; il reste donc un bénéfice net de 100 fr.

Ces deux céréales sont à peu près les seules qui soient cultivées en Afrique. Il y a bien encore le maïs, mais il est peu répandu; et comme d'ailleurs ses usages sont fort restreints, nous n'en dirons rien, si ce n'est qu'il a la réputation d'avoir un rendement remarquable par son abondance.

SECTION TROISIÈME. — *Du tabac.*

Cette plante a de tout temps été cultivée par les Maures en Afrique; leur tabac était fort estimé : il a beaucoup d'analogie avec celui d'Espagne. Depuis la conquête, personne n'en a encore fait de culture en grand; les produits habituels des cultures indigènes, joints à ceux des jardins des Européens (19), continuent à défrayer en grande partie la consommation locale. Depuis un an environ, la régie des tabacs de France a envoyé un de ses employés, M. Le Beschu, qui, après avoir étudié la question du tabac en Afrique, a reçu l'ordre de faire une plantation un peu considérable, et même d'acheter sur pied ce qui existait de tabac dans le pays. On a donc lieu de croire que le débouché une fois assuré par la régie, cette culture pourra s'étendre et donner un nouvel et puissant élément de prospérité aux terres de l'Afrique, tout à fait propices à ce riche produit.

SECTION QUATRIÈME. — *Du mûrier.*

La négligence des Maures avait tout à fait laissé dans l'oubli cet arbre précieux; mais les plantations nombreuses qu'on en a faites dans ces dernières années ont montré que le sol et le climat lui conviennent merveilleusement. Nous ne pouvons que citer la belle plantation de M. Urtis, la plus complète sous ce rapport de tout le pays; mais il est certain que ses 6,000 mûriers présentent une vigueur et une belle venue bien encourageantes pour tous les colons. Quelques essais de particuliers et une magnanerie établie depuis deux ans au jardin d'essai par le gouvernement, ont donné la certitude que les vers à soie se comportaient au mieux et donnaient une soie que l'administration fit comparer avec celles de la Lozère sans y trouver d'infériorité.

Filature de soie. — Enfin, on a établi cette année (1843) une filature de soie dans le jardin d'essai; ainsi les colons sont assurés dès maintenant de pouvoir tirer parti de leurs cocons.

Le mûrier demande d'abord un capital d'établissement que nous allons poser avant d'arriver à balancer les frais d'exploitation et les produits de la récolte.

Plantation des mûriers. — Quelques-uns plantent

les mûriers en quinconce en les espaçant de 3o pieds;
quelques autres les plantent en lignes parallèles,
les lignes sont espacées de 5o à 6o pieds, et les
arbres dans leurs lignes sont distancés de 20 à 25
pieds. Cette dernière méthode est, nous croyons,
préférable, 1° parce que plus les arbres sont sé-
parés, moins on a à craindre les incendies que les
Arabes pourraient allumer (20); 2° on peut plutôt,
et sans aucun préjudice pour les arbres, cultiver
en céréales ou en herbages les terrains plantés de
mûriers.

Prix de revient. — On pratique en lignes parallèles, de 25 en 25 pieds, des trous de 1^{m}33 de
carré, sur 0^{m}80 à 1 mètre de profondeur; si le
terrain craint l'humidité, on creuse un peu plus
profondément et on met des pierres au fond pour
assainir. Ces trous peuvent être exécutés à la tâche,
à raison de 0,40 ou 0,45 la pièce, c'est le prix
qu'on a payé pour les plantations de M. Urtis, et
alors l'ouvrage était plus cher qu'aujourd'hui.
M. Caminade, M. le baron Vialar, qui n'ont fait
leurs trous que de 1 mètre carré, ne les ont payés
que 0,35. Il est vrai qu'au jardin d'essai on les a
payés 0,60, mais c'est dans un temps déjà bien loin
de nous, et souvent l'administration ne peut
atteindre les prix réels de l'ouvrage aussi bien
que les particuliers. Néanmoins nous adopterons

ce prix de 0,60 *. Chaque plant de mûrier est livré par le jardin d'essai au prix de 0,60; maintenant, en évaluant à 0,30 par arbre, les frais que nécessitent la plantation et les soins de sa première année, nous avons un total de 1,50 par chaque arbre bien établi.

De plus, il faut, pendant les 6 ou 8 premières années, lui donner d'abord trois façons, puis deux, puis une seulement tous les ans; ces façons peuvent être exécutées à main d'homme, et chaque binage, nous a-t-on dit, chez M. Urtis, revient à peu près à 0,08 par arbre, ce qui ferait pour l'ensemble des façons des premières années environ 1 fr. Suivant la bonne méthode que nous avons vu pratiquer chez M. Caminade, on peut façonner ses arbres à la charrue, ce qui revient, au moins, moitié moins cher. Enfin, si l'on veut, on peut calculer la perte de terrain que l'on éprouve pendant 8 ans autour de chaque arbre, par suite de ces façons. Tout bien examiné, nous croyons être d'un sixième au-dessus de la réalité, en portant à 3 fr. le prix de revient de chaque mûrier jusqu'à 7 ans, âge auquel il commence à donner des produits. Il faudrait ainsi un capital d'établissement de 345 fr. par hectare, à raison de 115 mûriers.

Cultures sous les mûriers. — Plusieurs pensent

---

* Les terrains de la Plaine seront plus faciles et moins coûteux.

que jusqu'à l'âge de 7 ans, il faut se garder de rien cultiver sous les mûriers, à moins que ce ne soit quelques plantes sarclées. Nous ne pouvons partager cet avis, ce serait s'engager dans la dépense onéreuse de façonner sans dédommagement, non plus seulement le pied des mûriers, mais tout le terrain, pour détruire les mauvaises plantes qui ne manqueraient pas de l'envahir. Aussi, la culture des plantes sarclées, d'abord, et des céréales ensuite, ne peut qu'être avantageuse au mûrier, en façonnant tous les terrains qui l'environnent. Enfin, pour nous autoriser de l'exemple, nous citerons, non-seulement l'Algérie, où on le pratique ainsi sans encombre, mais surtout les environs d'Avignon, où depuis longtemps on cultive le mûrier avec une juste renommée. On procédera avec prudence, en ne cultivant les céréales, dont les racines sont plus épuisantes, que lorsque le mûrier sera devenu plus fort, et en proscrivant tout à fait les herbages jusqu'à sa dixième année au moins. Ainsi, nous porterons en compte les récoltes à effectuer par les cultures sous les mûriers, récoltes affaiblies, sans doute, puisqu'elles sont restreintes et gênées par les binages annuels des mûriers, mais que, néanmoins, l'on ne peut pas évaluer nettes de frais à moins de 80 fr. l'hectare, d'après ce que nous avons vu et ce que nous verrons sur les autres cultures.

Récolte des feuilles. — On peut, à la rigueur, cueillir les feuilles des mûriers de 4 à 5 ans; cependant, il est plus avantageux pour l'arbre de commencer un peu plus tard; aussi, nous avons préféré ne le calculer que pour la septième année. Les frais d'exploitation se réduisent à la cueillette des feuilles. Dans le midi de la France, on paie à raison de 0,50 pour 50 kilogrammes de feuilles cueillies. Au jardin d'essai d'Alger, on a jusqu'à présent payé 1 fr.; il est à espérer pourtant que ce prix diminuera à mesure que l'on verra s'augmenter le nombre des femmes et des enfants qui suffisent très-bien à ce genre d'ouvrage.

Rendement et produit net. — Au jardin d'essai on a recueilli sur des arbres de 8 ans 30 à 40 kilogrammes de feuilles; à 10 ans, on peut raisonnablement en espérer 50, chiffre qui est dépassé et même doublé bientôt si l'arbre devient fort et vigoureux. Ces 50 kilogrammes valent moyennement en France 3 fr.; supposons que cette moyenne soit trop forte, en Afrique, à cause de l'éloignement, et réduisons-la à 2 fr. 50, en déduisant pour cueillette 1 fr., il reste un bénéfice net de 1 fr. 50 pour 50 kilogrammes. En ne prenant que ce rendement moyen par chaque arbre dans sa pleine production, on aurait par hectare de mûriers, à raison de 115 arbres, 172 fr. 50 c.; auxquels il convient d'ajouter, ainsi que nous l'avons exposé, pour les cultures du dessous, 80 fr.; ce qui forme un produit de 252 fr. 50 c. pour un hectare de terre, et un capital de 345 fr. déboursé pour plantation.

SECTION CINQUIÈME. — *De l'olivier.*

La culture de l'olivier offre en Afrique un grand avantage sur celle du mûrier. Presque partout on rencontre l'olivier à l'état sauvage; on n'est donc grevé ni de frais de plantation, ni d'acquisition de plant, et l'arbre greffé entre en rapport vers sa cinquième année le sujet étant déjà en pleine vigueur. Cependant, il est des endroits où l'on ne trouve pas d'oliviers, et, en tout cas, on peut être obligé d'en planter pour compléter ou régulariser une pièce; nous renverrons, pour cette circonstance, aux frais d'établissement des mûriers, qui se reproduisent à peu près semblables ici. La greffe se paie habituellement 0,25 par tête, et il n'y a que bien peu de façon à donner au pied d'un arbre que l'on greffe.

Rendement et produit net. — Partout nous avons trouvé un accord unanime pour dire que l'olivier, de même au reste que le mûrier, n'est point sujet, en Afrique, aux maladies qui l'affectent dans le midi de la France, et que ses récoltes sont régulièrement constantes. M. Hardy notamment, le directeur du jardin d'essai, nous a pleinement confirmé ces importants renseignements. Apprécions maintenant les produits que peut donner l'olivier : l'huile d'olive, très-commune, vaut actuellement, à Marseille, 107 fr. l'hectolitre; les huiles fines vont à 150 fr. et au-delà; mais nous nous tiendrons dans les qualités communes, qui donnent, pour la valeur du litre, 1 fr. 05 et même un peu plus. Il faut, moyennement, deux litres d'olives pour faire un litre d'huile, et les tourteaux paient la mouture; le litre d'olive vaut donc de 0,45 à 0,50. Il peut se faire qu'à Alger le prix en soit inférieur, soit à cause de l'éloignement, soit à cause de la plus grande cherté de la mouture. Supposons le litre d'olives à 0,35. Si nous portons maintenant la récolte d'un arbre en plein rapport à 10 litres, nous aurons par arbre 3 fr. 50, sur lesquels nous déduirons pour cueillette et déchets 1 fr. 50 : il reste donc par arbre une somme nette de 2 fr., d'où il résulte pour 115 arbres, par hectare, un revenu de 230 fr., plus la récolte des dessous pour 80 fr., total 310 fr.

SECTION SIXIÈME. — *Du jardinage.*

Pour comprendre tout ce que nous pourrons dire ici, il faut bien se pénétrer au préalable de ce qui suit. La saison infertile de l'Algérie est l'été, depuis le milieu de mai, époque où finit la moisson, jusqu'en octobre, époque où commencent les pluies, la terre, frappée par la chaleur brûlante qui la pénètre et la dessèche, est complétement inféconde. Si l'on peut, à ce moment, lui procurer l'agent de fécondation qui lui manque, l'arrosement, réunissant alors au suprême degré les deux puissances génératrices de toute fertilité, la chaleur et l'humidité, sa végétation devient tellement vigoureuse, qu'en quinze jours les plantes parcourent les mêmes phases qu'elles n'accomplissent pas dans nos pays, en moins de six semaines et quelquefois deux mois.

Ce point une fois bien compris, on saisira sans peine quel prix on doit attacher aux terrains qui sont susceptibles d'irrigations pendant l'été, puisque ces terrains, au lieu de fournir une récolte annuelle, peuvent en donner jusqu'à six et sept; ajoutez à cela que leurs récoltes sont de ces denrées nécessaires à l'alimentation journalière des marchés, et dont pendant les chaleurs ils ont forcément le monopole.

Produits du jardinage. — Aussi, tel est l'avantage de ces terres, que dans les environs immédiats d'Alger il en est qui se louent jusqu'à 1,000 fr. l'hectare, et qu'à trois lieues d'Alger vous les trouvez encore louées sur le pied de 5oo fr. l'hectare. Il ne faut pas se figurer que ces cultures jardinières ne s'exploitent qu'aux portes de la ville : il est des jardiniers arabes qui, dans l'été, apportent des légumes de dix et quinze lieues; or, il n'est pas de propriété un peu étendue qui ne possède en plus ou moins grande quantité quelques terrains arrosables, soit par des sources, soit par un droit à une prise d'eau, soit par un noria, ou puits à roue, dont l'eau est élevée au moyen d'une chaîne à godets mue par un âne. Il est donc important d'exposer le jardinage comme une source de produits qui vivifient l'exploitation des colons.

Culture et irrigations. — Très-généralement les eaux, à moins qu'elles ne soient extrêmement abondantes, sont reçues et accumulées dans un vaste réservoir, construit en briques et ciment, et disposé au-dessus du niveau du terrain que l'on veut arroser; puis, au moyen d'un robinet, l'eau s'écoule dans une rigole transversale aux planches du jardin et qui les domine; celles-ci reçoivent ainsi tour à tour l'irrigation par une tranchée faite à la brèche. Ces réservoirs sont fort coûteux à construire; si l'on n'accumule de l'eau que pour le service d'un hectare ou moins encore, 4 à 5oo fr. suffisent; mais si l'on en veut davantage, on arrive promptement à faire un, deux et trois réservoirs de 1,ooo fr. chacun, et néanmoins on a encore un grand bénéfice, vu le haut prix de loyer que ces irrigations donnent à la terre. Nous avons vu M. le baron Vialar, à trois lieues d'Alger, au-delà de Kouba, faire ouvrir d'énormes tranchées pour aller chercher en terre de minces filets d'eau, puis faire construire les réservoirs pour les recueillir, et malgré ces grosses dépenses y trouver d'honnêtes avantages. On est bien plutôt limité par la quantité d'eau dont on dispose que par les travaux à exécuter.

Ces cultures sont la spécialité des Espagnols, qui se montrent en Afrique aussi laborieux et intelligents que sobres et économes. Ils arrivent de Mahon ou des côtes d'Alicante misérables et en guenilles ; ils louent des jardins à moitié fruits ou même à prix d'argent s'ils trouvent quelque confiance ; au bout de deux ans ils parviennent à payer la moitié des loyers d'avance, bientôt ils paient tout d'avance, et en peu d'années ils ramassent une jolie aisance.

Conclusion. — Il ne faut pas s'exagérer, sans doute, la valeur du jardinage comme produit et but d'exploitation : dans les propriétés neuves, dès frais considérables sont nécessaires pour la distribution des eaux, l'assainissement des terres, leur nivellement, etc.; en second lieu, la petite quantité d'eau disponible le restreint toujours beaucoup ; mais néanmoins on ne saurait méconnaître que c'est un aide efficace pour le colon et un très-profitable supplément de produit dans l'exploitation

La culture des terrains arrosables forme le fonds et l'essence de ce qu'on appelle jardinage; les autres terres que l'on consacre aussi aux légumes n'ont rien de l'importance de celles-ci, et c'est seulement à cause de l'analogie du sujet que nous allons dire quelques mots de la culture des légumes secs, tels que pommes de terre, haricots, et aussi parce que jusqu'à présent ces plantes n'ont véritablement été cultivées que comme légumes et par très-petites portions.

La pomme de terre. — Les pommes de terre rendent moins en Afrique qu'en France, la différence proportionnelle est d'un grand tiers dans le rendement; ce désavantage est compensé par la possibilité de deux récoltes par an, l'une vers Noël, l'autre dans l'été. De cette manière on peut, après les pommes de terre récoltées à Noël ou un peu avant, faire immédiatement une nouvelle culture, ou bien faire succéder à un produit recueilli en février ou mars un semis de pommes de terre à cueillir pendant l'été; cela peut considérablement augmenter le produit de quelques champs; et cependant leur culture a été peu suivie jusqu'à présent, ce qui explique le prix très-élevé auquel elles ont toujours atteint, celui de 5 à 10 fr. les cent livres, selon le moment; aussi en apporte-t-on des quantités considérables de France, et nous savons que malgré le poids incommode de cette denrée , on en expédie avec avantage des ports de Bretagne et de Normandie.

Son produit. — Il est difficile d'établir ici le produit certain et constaté de la pomme de terre en grande culture , vu que les jardiniers presque seuls l'ont cultivée jusqu'à ce moment; mais il est incontestable, en considérant la proportion du rendement et les renseignements et observations que nous avons pu nous procurer, qu'en se bornant même au prix de 5 fr. le quintal, on pourrait avoir un produit net de 250 fr. par hectare, et plus, eu égard à la facilité que l'on a d'avoir après la pomme de terre un autre produit; mais nous avons lieu de penser que c'est un des produits que les chances des saisons rendent le plus inconstant en Afrique.

Fèves et haricots. — Les fèves ou haricots se cultivent également en fort petites quantités, comme la pomme de terre ; leur prix est de 50 c. la livre pour les haricots, et de 20 c. la livre pour les pois chiches.

SECTION SEPTIÈME. — *Produits divers.*

Sous ce titre nous parlerons de quelques produits dont les uns sont peu susceptibles d'extension , et dont les autres ne se trouvent encore qu'à l'état d'expérience.

Orangers. L'orange et le citron n'ont jusqu'à présent occupé personne; cependant nous avons trouvé en plusieurs endroits, et notamment à Blidah, de magnifiques plantations d'orangers; mais l'état d'incurie où on les a toujours laissées depuis la conquête, a fait dégénérer le fruit; et d'ailleurs les chances du transport d'oranges par mer séduisent peu les négociants. Le gouvernement, à qui appartenaient presque toutes les orangeries de Blidah, faisait simplement recueillir les fleurs pour les distiller; c'est jusqu'à ce jour le seul produit qu'on en ait tiré. Cependant l'important commerce que le Portugal et quelques côtes d'Espagne font de ce fruit précieux, témoigne assez quel parti on pourra tirer un jour de ceux d'Afrique, qui étaient il y a peu d'années encore aussi beaux et aussi savoureux que ceux d'Espagne.

Le bananier, introduit par les Européens depuis la conquête, a parfaitement réussi; un beau régime de bananes vaut encore 15 fr., mais il est probable que cela tient en partie au petit nombre de plants capables de donner des fruits; cependant, comme il est facile d'en exporter pour les côtes d'Europe par les bateaux à vapeur, il pourrait se faire que dans une certaine limite de production, cette plante offrît quelques avantages.

Fruits secs. — Depuis longtemps les tribus de l'intérieur s'adonnent au commerce de figues sèches; il est donc très-probable qu'il arrivera un moment où les Européens prendront en considération le pauvre figuier, maintenant fort méprisé, et qui aurait même disparu dans les environs d'Alger, s'il ne poussait de tous côtés avec autant de promptitude que de ténacité.

Le coton. — Le coton a été introduit par les Européens, mais nulle part encore il n'a été cultivé sur une grande échelle; quelques particuliers en ont essayé; depuis plusieurs années on en produit au jardin d'essai, et le directeur de l'établissement, M. Hardy, nous a assuré qu'on pouvait fonder sur cette plante de légitimes espérances. Quoi qu'il en soit, nous ne pouvons mieux faire que de présenter ici le tableau suivant du prix de revient du coton, publié par le gouvernement en 1838 dans son rapport sur la colonie d'Afrique :

Loyer présumé d'un hectare de terre (21). . . .	20 fr.	00 c.
Un fort labour par une charrue.	20	00
Un hersage.	3	50
Une journée d'homme et de mules pour tracer les raies.	3	50
Deux hommes pour semer. . . . . . . , ...	4	00
Trois hommes pour éclaircir.	6	00
Trois binages avec la houe à cheval.	10	50
Sarclage à la main entre les cotonniers	15	00
Un homme qui passera quatre heures tous les trois jours, pendant quatre mois que durera la récolte, en évaluant le temps à une demi-journée chaque fois, fait cinq journées par mois à 1 fr. 25 c., en tout.	25	00

A reporter. 107 fr. 50 c.

7

Report. 107 fr. 50 c.

Frais de séchage.	6	00
Frais d'égrainage.	20	00
Frais d'emballage.	6	00
Usure d'outils.	10	00
Frais imprévus et transports.	5	50
TOTAL . . .	155 fr.	00 c.

La récolte fut, par hectare, de 200 kilogrammes de coton égrainé et nettoyé, ce qui mettait ainsi chaque kilogramme à 77 c. 1/2 ; le compte rendu ajoute qu'à ce prix il y aurait encore de beaux bénéfices. Il fait remarquer, en outre, que beaucoup de frais ont été plus considérables qu'ils ne devaient l'être par défaut d'habitude, notamment l'égrainage, qui, avec des machines, eût coûté moitié moins.

Le coton dont il est ici question est le coton à courte soie ; le coton à longue soie, contenant une plus forte proportion de graines, revient plus cher, à 1 fr. 82 cent. le kilogramme. Quant au coton arbuste, il n'avait pas encore été essayé.

Importance de ce produit. — En somme, on s'accorde à dire que cette culture sera productive ; nous-mêmes, nous ne pouvons que partager cette opinion, d'après ce que nous avons vu de sa belle venue, et d'après tout ce que nous savons des cotons d'Égypte et de la Grèce, qui se trouvent à peu près sous la même latitude. Nous pensons donc qu'il y a grande chance de succès, et alors ce serait une question d'un immense avenir, non-seulement pour l'Afrique , mais encore pour toute l'Europe. Aussi, nous appellerons particulièrement sur ce sujet l'attention de tous ceux qui sont intéressés à l'industrie du coton ; si l'on parvenait, en effet, à le produire à bon compte dans un pays si près de l'Europe , nul doute qu'un prix inférieur pour la matière première ne donnât encore une plus grande impulsion à cette industrie. Nous nous adresserons donc particulièrement à eux, pour leur demander leur concours pour une expérience qui peut avoir une telle portée pour eux ; nous ferons mieux, et nous engagerons ceux qui sont les plus haut placés par leur position financière, à tenter par eux-mêmes des entreprises en Afrique, puisqu'ils y sont poussés par un double intérêt.

Essais divers. — Nous ne ferons que mentionner le nopal à cochenille et la canne à sucre, qui sont en essai depuis quelques années dans le jardin du gouvernement : le premier semble assez réussir; mais il n'en existe encore qu'un si petit nombre de plants, que les données n'ont point une grande certitude. Quant à la canne à sucre, tout, jusqu'à présent, porte à croire qu'elle viendrait à souhait; mais nécessitant une grande dépense d'eau, il est probable que cette culture ne peut avoir un grand avenir en Afrique. D'ailleurs, les prix du sucre sont tellement bas, et les Antilles en si fâcheuse position, que cette extension n'est pas à désirer.

Arbres et plantes utiles. — Nous terminerons en citant une foule d'arbres et de plantes répandus en Afrique, et dont les fruits ou le bois peuvent avoir plus ou moins d'utilité. Le caroubier, le jujubier, le grenadier, le chêne à glands doux, le chêne-liége, le lentisque, le palmier-dattier, le pin d'Alep, le frêne, le platane, la sesame, le kermès, le riz, le chanvre, etc., etc.

Haies d'Afrique. — Enfin, telle est la richesse de la végétation africaine, que les haies de clôture sont formées par des plantes dont les produits offrent une certaine utilité ; ce sont le figuier de Barbarie (espèce de cactus) et l'agave (espèce d'aloès) : le premier porte des fruits à profusion, fruits dont les Arabes font presque uniquement leur nourriture pendant l'été, et où les Européens trouvent un rafraîchissement doux, légèrement acide et très-juteux ; les chameaux que plus tard, et surtout dans l'intérieur, nous utiliserons davantage à notre service, mangent volontiers les feuilles charnues et épineuses de cette plante grasse. Le second pousse en une quinzaine de jours, au commencement du printemps, un jet prodigieux de 10 à 15 pieds de haut, de 0^{m}14 de diamètre à sa base, droit et nu comme un I ; au sommet seulement il porte quelques grappes de fleurs. Cette pousse, arrivée à sa maturité, offre la consistance d'un bois moelleux à l'intérieur, comme un sureau déjà âgé ; les Arabes l'emploient souvent pour construire leurs ghourbis, et l'on peut s'en servir pour édifier des appentis légers, ou former des toitures provisoires et sans importance (22). Ces plantes sont, en outre, d'une rusticité qui les rend presque indestructibles, et ont une rapidité de croissance telle, qu'en deux ou trois ans une haie, plantée de bouture, offre déjà une hauteur et une résistance suffisantes. Si nous avons mis ces détails, ce n'est pas pour leur donner une importance qu'ils n'ont point, mais parce qu'ils montrent avec évidence la vigueur et la prodigalité toujours bienfaisante de la nature végétale en Afrique.

CONCLUSION DES DEUX DERNIERS CHAPITRES.

Nous venons de parcourir le cercle des principales productions de l'Algérie ; il nous reste à nous résumer sur ce sujet, et à arriver, pour conclusion, à la moyenne approximative du produit net qu'elles peuvent donner par hectare ; puis nous ferons, d'après cette donnée, la somme des revenus que pourrait comporter l'exploitation résultant au bout de trois ans, des frais d'établissement que nous avons supposés. Alors nous mettrons en regard ces frais et ces revenus.

Produit moyen de l'hectare. — Nous avons pour le foin, dans les terres proches d'Alger, 175 fr. par hectare, et pour les terres plus éloignées, 130 fr. seulement; comme nous avons établi le capital, à peu près dans l'hypothèse de deux exploitations, l'une proche, l'autre plus éloignée, il est raisonnable de fondre ces prix en un, et de poser pour le foin, au moins 150 fr. par hectare.

Le blé, 180 fr.; l'orge, 100 fr. Les terrains plantés de mûriers, pendant leurs premières années, 80 fr. Nous ne présumerons rien, du reste, pour les autres cultures dont le rendement n'est pas encore bien établi, et nous ne parlerons pas des jardins, dont le produit restreint et local ne peut commencer de suite. Nous prendrons donc pour moyenne entre les prix ci-dessus, 100 fr., et ce, par égard aux chances diverses que court la récolte de blé, et enfin pour incliner toujours au plus faible prix.

Or, le capital que nous avons porté en dépense pour le défrichement pendant les trois premières années, suppose 120 hectares au moins de mis en état à ce moment, c'est-à-dire 80 environ en état de récolte acquise (23). Nous aurions donc ainsi à ce moment 800 fr. de produit net, auquel il convient d'ajouter les bénéfices du pacage des bestiaux, qui, si l'on y emploie une somme de 12,000 fr., ne peuvent pas être comptés pour moins de 1,5oo fr.; ce qui fait un produit total de 9,5oo fr.

Capital d'établissement. — D'autre part, nous avons déjà vu qu'il fallait débourser en capital d'établissement, pendant les trois premières années, pour défricher, acheter, bâtir, 67,000 fr.; de plus, il faut y ajouter :

Pour achat de bestiaux de produit, selon la supposition susénoncée.	12,000 f.
Pour achat de chevaux et mulets, au plus (24). . .	3,000
Pour plantation de 2,500 pieds de mûrier et olivier, et la greffe des sauvageons	9,000
Pour mobilier aratoire et ustensiles de service (25).	3,000
Pour travaux de chemins, assainissements, et commencement d'appropriation des jardins.	4,000
Pour dépenses d'installation, achat de semences, frais de culture de la première année.	2,000
En joignant à ces sommes les 67,000 fr. de premières dépenses susdites, ci . . . . , . . .	67,000
On a pour total.	100,000 f.

Accroissement ultérieur des produits. — Notre produit s'élevant à 9,5oo fr., donne ainsi, dès la troisième année, près de 10 pour cent, et dans ce produit pourtant nous avons omis de compter celui des terres déjà en valeur, sur la propriété acquise dans le Massif. De plus, il faut considérer : 1° que les mûriers et les oliviers sont entrés jusqu'ici en compte de dépenses, sans figurer encore dans les produits, et que, par conséquent, il faut aussi tenir compte de l'avenir qu'ils présentent, et qui nous donnera, au moment de leur rapport, 150 fr. en plus par hectare planté, ce sera au moins 6,000 fr. ajoutés au revenu sans bourse délier; 2° que les développements ultérieurs que prendront nos cultures produiront une proportion bien plus forte de revenus que de dépenses, les plus gros frais étant faits une fois pour toutes; 3° que les jardins et autres menus produits ne sont comptés pour rien dans ce chiffre de 9,500 fr.; et que, plus tard, ils fourniront de nouveaux bénéfices.

Aussi, nous ne craignons pas de dire que, dans cinq ans, 120 hectares, dont la mise en valeur aurait coûté 100,000 fr., rapporteraient, avec les pacages y attenant, 20,000 fr. bien nets, sans supposer aucun produit plus fructueux que ceux énoncés. Dans dix ans, 200 hectares, qui reviendraient de 120 à 130,000 fr., produiraient de 30 à 35,000 fr. Il est facile au lecteur de vérifier ces chiffres d'après la moyenne que nous avons donnée des produits, et en ayant égard aux dernières observations que nous avons faites.

Proportions à donner à l'opération. — Il importe que nous fassions remarquer ici qu'en déterminant en apparence l'opération sur une échelle limitée, nous n'avons point eu dessein de prononcer absolument sur les proportions à donner à l'entreprise ni de dresser un plan rigoureux; nous avons voulu seulement présenter les résultats probables dans un cadre quelconque, et ces aperçus tendent uniquement à prouver qu'avec 100,000 fr. on peut établir une opération sur une échelle assez raisonnable pour donner, dès le commencement, des produits satisfaisants, en laissant néanmoins un large champ aux espérances et aux développements de l'avenir. Rien ne s'oppose, du reste, à ce que l'on adopte un plan différent ou une proportion plus forte; les faits et les produits que nous avons constatés demeurent toujours, et produiront toujours des résultats analogues, modifiés seulement en raison des sommes dépensées et des mesures plus ou moins heureuses que l'on adoptera. Quant à notre opinion personnelle, nous pensons qu'il vaut mieux être modeste et réservé dans ses débuts pour grandir ensuite progressivement; c'est une règle que donne l'observation des faits généraux, et que confirment les raisonnements de la prudence. Nous pensons, de plus, qu'un plan définitif et circonstancié de l'exploitation ne peut être établi qu'après la détermination des lieux. Seulement, nous résumerons, dans le courant du dernier chapitre, les idées principales qui, à notre sens, doivent présider à toute exploitation, et qui ont été énoncées en divers endroits de cet écrit. Toute réflexion nouvelle sur les produits d'une opération à faire en Afrique devient superflue après les chiffres exprimés ci-dessus ; il ne nous reste plus maintenant qu'à voir si les frais de gestion et les détails d'administration ne viendront pas grever d'une manière trop lourde l'opération qu'ils rendraient mauvaise, malgré tous ses beaux produits : c'est ce que nous examinerons quelques pages plus bas, en exposant notre projet d'opération. Nous compléterons auparavant la discussion des cultures de l'Afrique, en étudiant quelle destinée probable attend dans l'avenir ce pays et ses produits.

CHAPITRE IV.

Avenir de l'Algérie et de ses produits.

En examinant les risques à courir et les espérances à fonder, nous avons eu occasion de voir qu'une notable partie du capital de l'entreprise n'avait rien à redouter d'une invasion temporaire des Arabes, même dans les circonstances les plus désastreuses ; qu'une autre portion et surtout les revenus pouvaient craindre d'une pareille catastrophe de fâcheuses conséquences ; enfin, nous avons montré plus loin que les revenus, dans l'état actuel de la vente des produits, suffisaient abondamment à défrayer l'entreprise. Il faut maintenant considérer l'avenir de l'Afrique sous ces trois points de vue ; il faut étudier 1° quels risques peut courir la partie du capital que le pillage ne peut atteindre ; 2° quelle probabilité peut présenter une irruption d'Arabes, et ses résultats ; 3° quelles modifications peuvent survenir dans l'écoulement des produits. Nous aurons ainsi envisagé à peu près toutes les éventualités qui peuvent se présenter pour l'exploitant, livrant, du reste, les présomptions qui résultent des faits à l'appréciation du lecteur, non comme des certitudes, mais pour ce qu'elles valent, c'est-à-dire pour des déductions logiques que chacun peut juger.

Avenir des droits de propriété. — La première partie du capital ne peut être détruite ou diminuée que par une expulsion violente ou par la dépréciation de l'objet de nos travaux ; cette seconde supposition, dépendant entièrement de l'état de vente des produits, est soumise aux mêmes observations que nous ferons à ce sujet. Nous ne nous occuperons donc ici que des risques d'expulsion qui peuvent exister.

De l'expulsion. — Déjà, nous croyons avoir suffisamment montré par les faits du gouvernement en Afrique, qu'il avait trop lié d'intérêts dans ce pays (1-2) pour craindre de sa part, même le désir secret de l'abandonner ; l'expulsion ne pourrait être que le résultat de la guerre, et nous allons voir ce que l'on doit en penser. Si l'on réfléchit sur l'heureuse situation d'une colonie placée sur le bassin le plus commerçant du monde, au centre de toutes les transactions et aux portes de l'Europe ; si l'on observe les travaux immenses déjà opérés et que l'on continue tous les jours pour la création d'un port régulier sur une côte des plus dangereuses et entièrement dénuée d'abris naturels, on ne saurait s'empêcher de prime abord de reconnaître dans l'Afrique une position commerciale, militaire et politique, offrant d'incontestables avantages. Enfin, en considérant les établissements étendus et variés fondés de toutes parts par les Français, notamment dans la ville d'Alger (26), et les racines déjà profondes que la civilisation européenne a poussées sur cette terre, tant dans la ville même qu'aux alentours, on acquiert raisonnablement la conviction que ce pays a désormais trop d'importance pour retomber jamais dans les mains barbares et inintelligentes qui le détenaient précédemment. Turcs, Arabes ni Maures, ne sauraient désormais reconquérir une ville comme celle d'Alger. Mais, si les revers de la guerre ou la fureur des révolutions nous exposaient à perdre l'Afrique, aucune nation d'Europe ne laisserait échapper l'occasion de saisir une position si avantageuse, et de recueillir les fruits de nos dépenses et de nos combats. Or, quel que soit le peuple qui s'emparât de cette côte, il aurait trop d'intérêt à recueillir et à protéger tous les éléments de civilisation qui pourraient s'y trouver pour ne point se montrer le soutien des colons et de leurs établissements.

Partant de ce principe, on peut conclure que tôt ou tard, mais avec certitude, l'avenir appartient au pays et à la propriété. Par application spéciale à notre objet, on peut donc affirmer que cette portion de capital, qui ne saurait être atteinte par l'irruption passagère des barbares, demeurera toujours et sans risques réels entre nos mains.

Avenir des superficies. — Déjà, en traitant du maraudage des Arabes, nous avons discuté les chances que peuvent courir le capital superficiel et les produits. Nous avons montré qu'actuellement règne la tranquillité la plus parfaite; qu'une nouvelle guerre ne pourrait atteindre les établissements, que si la France était forcée de laisser trop peu de troupes dans le pays. Nous avons exposé que, si cette hypothèse ne se réalisait que dans trois ou quatre ans, l'industrie naissante des tribus voisines, les progrès de la population française et des travaux publics, nous couvriraient alors amplement.

Il ne reste qu'à faire voir le peu de probabilité d'une guerre européenne, seule cause qui pût nous forcer à dégarnir Alger, tout en fomentant les révoltes arabes. Ce n'est point ici, sans doute, le lieu de faire de profondes discussions sur l'état du monde ; nous observerons néanmoins avec brièveté, que l'état des finances de presque tous les pays d'Europe, les crises intérieures qui les travaillent, les immenses et impérieuses relations du commerce et de l'industrie, l'état actuel des mœurs, le cours général des idées sur ce sujet, nous ont toujours paru rendre la guerre de plus en plus improbable. Les lecteurs, du reste, apprécieront et balanceront aussi bien que nous le pour et le contre de ces considérations.

Nous ferons remarquer, en outre, que cette prolongation de la paix, en permettant mieux de consolider et d'étendre la colonisation, donne des gages de plus à la durée de la domination française, avantage qu'il est juste de porter en compte dans l'avenir des colons français attachés à leur patrie.

Quant au développement à espérer de la population européenne, sans répéter les faits concluants de la progression rapide des villages, nous rappellerons l'attention sur les émigrations qui se pressent de toutes parts, qui ont donné et donnent encore tant d'impulsion aux populations des États-Unis, de Montevideo, etc., etc. ; émigrations qui commencent avec raison à se diriger vers l'Afrique, ainsi qu'il résulte des rapports dressés à cet effet par les autorités administratives de plusieurs départements de l'est.

Tels sont donc les risques que l'on a à courir, qu'il ne faut plus que quelques années de paix encore pour faire disparaître tout danger probable.

Avenir des exportations. — Il ne suffit pas de constater que nous pourrons dans l'avenir comme aujourd'hui récolter à l'abri le fruit de nos travaux, il faut encore savoir si l'écoulement qu'on en trouve aujourd'hui demeurera constant. Nous avons vu qu'on peut sans désavantage accepter les prix des producteurs actuels ; il reste à examiner si dans un temps donné ce surcroît de production n'amènerait pas pour certains objets du moins une concurrence dépréciative. Ce sont les effets de cette lutte qui détermineront l'avenir du marché algérien, et que nous devons étudier ici : elle s'établira sur deux terrains bien différents, l'exportation pour la France, et l'exportation pour l'étranger.

Exportations pour France. — Dans l'exportation pour la France on ne saurait mettre en doute que nos produits nationaux, avantagés sur les droits de douane, ne tirent de là une supériorité incontestable sur les produits étrangers, contre lesquels ils pourraient lutter à conditions égales. Mais il est très-important de savoir si ces faveurs accordées à l'Afrique, ne tourneront pas au détriment du commerce et de l'industrie française. On a déjà répété en bien des lieux que si les produits de l'Algérie enlèvent par leur concurrence aux États-Unis, à l'Italie, etc., une partie de leurs importations, ils nuiraient d'autant aux exportations que la France envoie dans ces pays. La considération des faits fera prompte justice de cette objection.

Les principaux pays auxquels l'Algérie opposera des produits similaires, sont : 1° les États-Unis, dont la France reçoit pour 94 millions de coton, et pour 47 millions de tabac; 2° les états Sardes et les Deux-Siciles, pour 47 millions de soie; 3° les Deux-Siciles et la Turquie, pour 26 millions d'huile d'olive, et une certaine quantité de coton.

Telles sont en effet les riches fournitures auxquelles la colonie est appelée en France.

Observons maintenant la position du commerce français vis-à-vis de ces pays, d'après le dernier rapport publié par l'administration des douanes. Les États-Unis reçoivent pour 48 millions de marchandises françaises, et ils en expédient pour 135 millions. Les états Sardes reçoivent pour 39 millions et expédient pour 59 millions. Les Deux-Siciles reçoivent pour 7 millions et expédient pour 16 millions. La Turquie reçoit pour 11 millions et expédie pour 31 millions. D'où il résulte que la Sardaigne, celui de ces états qui reçoit la plus forte proportion de nos marchandises, élève ses envois à 59 1/3 pour cent sur la masse totale des transactions, tandis que nos expéditions chez elle ne sont que de 40 2/3 pour cent. Aux États-Unis et en Turquie nous expédions environ 26 1/2 et nous recevons 73 1/2. Ainsi donc vis-à-vis de tous ces peuples nos exportations sont infiniment inférieures aux importations; la plus grande partie des navires importateurs sort de nos bassins sans marchandises de retour : il n'y a donc point lieu de craindre que la diminution de ces exportations préjudicie en rien aux expéditions que le commerce français fait pour ces pays.

D'un autre côté, il n'est point à craindre que, frappés de la diminution de leurs exportations, ces peuples cherchent à y obvier en menaçant les produits français d'une surcharge de droits ; nous fournissant beaucoup plus qu'ils ne consomment chez nous, ils s'exposeraient à des représailles trop préjudiciables.

Nous savons que l'on objectera ici que ces pays ne se sont jamais émus de cette crainte, qu'ils ont toujours été les maîtres des tarifs, et ont surchargé nos produits à merci. La réponse à cette objection nous fournira l'occasion de présenter une observation puissante dans l'intérêt de notre colonie. Pourquoi, jusqu'à présent, avons-nous dû subir si souvent des tarifs onéreux? c'est que ces pays nous envoient des matières premières d'une rigoureuse nécessité, et que nous ne pouvons recevoir que d'eux; de plus, si ces matières s'étaient trouvées enchéries par l'exhaussement des tarifs, la France eût frappé sur elle-même le coup le plus terrible, le bien-être général en eût été vivement atteint, et des industries immenses eussent été partiellement paralysées. Il était donc impossible de charger ces marchandises d'un droit bien lourd d'entrée, et leurs importateurs étaient véritablement les maîtres de traiter les nôtres à leur gré. Mais si l'approvisionnement de ces produits pouvait se trouver en Afrique, reprenant toute sa liberté vis-à-vis d'eux, la France pourrait sans crainte, non-seulement protéger les importations de sa colonie, mais elle pourrait profiter de cette position nouvelle, afin d'obtenir des dégrèvements pour les taxes imposées tout dernièrement encore sur nos eaux-de-vie, vins et soieries. Ainsi, bien loin de souffrir du développement de l'Algérie, l'industrie et le commerce français en tireraient le plus grand avantage.

Nous conclurons donc que l'intérêt véritable de la France nous assure le plus heureux avenir pour l'introduction favorisée de nos produits, en même temps que les chiffres cités plus haut manifestent l'énorme consommation qu'ils sont appelés à défrayer dans chacune de leurs branches. Cette consommation est si considérable, comme on a pu le le voir, que, pendant un espace de temps dont le terme ne saurait être précisé, elle suffira et bien au delà à absorber les exportations de l'Algérie. Cependant, quelque éloigné que soit l'avenir où nous serons obligés de recourir aux marchés étrangers, l'étude du sort qui nous y attend rentre trop dans la question qui nous occupe pour que nous l'omettions entièrement.

Exportation pour l'étranger.—Il est certain que, dans quelques pays de productions similaires, les tarifs protecteurs de la culture nationale nous rendront l'abord de ces marchés sinon impossible, du moins bien difficile. Mais ne reste-t-il pas pour les soies la fourniture si importante de l'Angleterre; pour les tabacs et l'huile, celle de l'Angleterre et de tous les pays du nord; pour le coton, celle de l'Europe tout entière? Dans tous ces cas, placés sur le pied d'égalité, aucun obstacle sérieux ne peut nous empêcher de soutenir la concurrence; et même n'avons-nous pas sur les États-Unis l'avantage de la proximité du marché; sur l'Italie et la Turquie, l'avantage de l'industrie plus grande, du bas prix du terrain, et de l'habileté des ouvriers de Provence, ou se fabriquent les premières qualités d'huile? En considérant toutes ces choses, ne peut-on pas espérer vraiment non plus une égalité, mais une victoire dans le résultat de cette lutte?

CHAPITRE V.

Conclusion générale. — Sources diverses de nos renseignements.

Voici maintenant la première partie de notre tâche accomplie. Le passé nous a offert d'heureux exemples et d'utiles leçons; la tranquillité actuelle, la population qui croît avec rapidité, les riches produits que l'on peut obtenir, tout nous engage, dans le présent, à concourir à l'édification de ce monde nouveau; et les présomptions de l'avenir entraînent encore davantage notre esprit vers les riches espérances que l'on peut concevoir.

Telles sont les conséquences que nous avons cherché à établir, sinon avec profondeur et habileté, du moins avec conscience, et après de laborieuses recherches dans lesquelles nous avons reçu une bienveillante assistance de la plupart des nouveaux habitants de l'Afrique. Aussi croyons-nous remplir une obligation de reconnaissance, et en même temps acquérir un titre à la confiance publique, en citant quelques-uns de ceux qui ont bien voulu nous prêter leur expérience et souvent nous exposer, sur les lieux, leurs travaux et leurs œuvres de tous les jours.

Sources de nos renseignements.—Dans la Plaine de la Métidja, nous avons été accueillis et renseignés par M. de Montagu et M. le baron Vialar, l'un à Haïssous, dans le canton de Beni-Mouça, l'autre non loin de la ferme modèle; ils relevaient courageusement leurs fermes brûlées dans la dernière guerre, et ne désespéraient point, malgré tant de pertes, d'un sol si fécond. — A El-Biar, MM. de Franclieu nous ont montré avec détail leur belle et fructueuse propriété, contenant plus de 300 hectares et déjà mise alors en culture à peu près pour moitié. Elle peut leur rapporter près de 30,000 fr. nets.—Dans la même commune, la ferme Fougeroux, possédée par MM. Martin de l'Esplasse et Caminade, présente également les résultats les plus satisfaisants en cultures et en produits. Nous y avons remarqué des plantations assez considérables de mûriers présentant la plus belle venue. —Presque à l'entrée de la plaine de Staouëli, tout proche de Cheraga, nous avons visité la ferme de Beni-Moussous : son propriétaire, M. Frutié, qui nous accompagnait et qui cultive depuis près de neuf ans, nous a donné les renseignements les plus précieux et les plus détaillés sur les obstacles qu'il avait eu à surmonter et les résultats qu'il avait obtenus. — Sur la propriété de M. Urtis, près de Kouba, nous avons vu la plus belle et la plus complète plantation de mûriers et d'oliviers qui existe dans l'Algérie; M. Barrot, gérant de cette propriété, nous accompagna partout, et nous avons pu connaître à fond en cet endroit tout ce qui intéresse la culture de ces arbres en Afrique. — M. Astruc, maire de Birmandraïs, nous a montré lui-même la propriété qu'il exploite sur cette commune, et nous avons pu juger des ressources qu'offrent en ce pays les petites cultures destinées à l'approvisionnement du marché des villes. — Nous avons de nouveau retrouvé M. le baron Vialar à Kouba, où il possède quelques bonnes fermes qu'il exploite à moitié avec des Espagnols, que nous y avons appréciés comme d'excellents et laborieux cultivateurs : là nous avons plus que jamais compris la valeur de l'eau devant les travaux considérables de terrassements et de maçonnerie que M. Vialar a fait opérer pour la recherche de quelques filets d'eau dans les entraillos de la montagne. —

M. l'abbé Landmann, anciennement curé de Constantine, et actuellement curé de Mustapha, près d'Alger, a eu la bonté de nous communiquer tous les documents précieux que la spécialité de ses études sur la colonisation le mettait mieux qu'aucun autre à portée de nous fournir.

Enfin M. Guyochin, architecte de la province d'Alger, et M. Hardy, directeur du jardin d'essai, ont bien voulu mettre à notre disposition les renseignements que leur position et leurs connaissances particulières les mettaient en mesure de nous donner.

Nous avons visité en outre plusieurs petites exploitations des environs d'Alger , Blidah , et l'établissement des nouveaux villages.

Si l'on joint à ce qui précède quelques relations avec des notaires et hommes d'affaires du pays, la lecture des rapports publiés par l'administration sur l'Algérie, et des différentes publications faites à ce sujet, on aura complété l'exposition des sources diverses où nous avons puisé les éléments de ce travail.

Conclusion de cette partie. — Après ces études, ne doit-on pas avouer que l'on s'était étrangement exagéré les dangers personnels et les risques pécuniaires de l'Algérie, et que l'on avait tout à fait méconnu la richesse du sol, et les produits du pays? Conclurons-nous au rebours que l'Afrique est une mine d'or, où l'on n'a qu'à se baisser pour puiser des trésors? non certes, mais nous en déduirons qu'avec un travail suivi, une surveillance exacte et une économie sévère, on peut arriver à recueillir promptement des revenus de plus du double de ceux de France, à les voir grandir encore par la suite des travaux, et à préparer pour l'avenir le développement très-considérable de la valeur capitale. C'est dominés par ces idées, que nous avons dressé le plan d'opération dont on va voir ci-après le détail.

TROISIÈME PARTIE.

CHAPITRE PREMIER.

Bases et éléments de l'opération. — Son administration.

Il ne s'agit point ici d'indiquer avec précision le système à suivre pour une exploitation rurale en Afrique : ce sont des détails à établir selon les circonstances des lieux et des temps où l'on se trouvera, et contradictoirement avec les personnes intéressées ; une pareille discussion doit donc être reportée au moment où un concours assuré de capitaux rendra possible de l'asseoir sur une base déterminée. Mais nous voulons établir les principes généraux qui doivent présider à toute opération en Afrique, et l'ensemble des dispositions financières et administratives qui peuvent offrir des gages de succès et le faciliter. Nous poserons à cet effet les idées suivantes que nous expliquerons plus tard.

Principes de l'opération. — Il faut organiser l'opération de façon à garantir le développement futur du capital et des revenus, et assurer pour le présent un minimum constant de produit. — Il faut dessiner un plan d'administration simple, sûre et la moins onéreuse possible. — Il faut constituer un capital proportionné à l'entreprise, en harmonie avec les frais d'administration jugés nécessaires, et qui, offrant une marge considérable, réserve entre les mains des sociétaires un appui certain en cas de catastrophe imprévue, et une ressource acquise pour les développements ultérieurs. — Il faut, en établissant la société, choisir le mode qui présente le plus de sécurité et de clarté pour tous, qui est, nous le croyons, la société anonyme. — Enfin, il faut vigoureusement constituer sur les revenus un fonds de réserve qui, toujours utile, est ici indispensable.

Double base de l'opération. — Si l'on établit, comme nous en avons émis l'idée, une exploitation rurale, reposant sur la Plaine et le Massif, sobre de constructions, modeste dans ses allures, et n'exposant qu'avec réserve les dépenses superficielles, nous pensons que l'on assurera, dans la plus forte proportion où la terre seule puisse les fournir, l'extension et les progrès de l'avenir, réunis à la satisfaction des exigences du présent; mais ces précautions seraient encore insuffisantes pour les premières années, car la première année, et même la seconde, les produits ne dépasseront guère les frais d'administration, si peu élevés qu'on les ménage. Or nous tenons à réhabiliter de suite le crédit de l'Afrique devant les capitaux français, qui, on doit le reconnaître, sont très-impatients de résultats et savent peu attendre l'avenir. Il faut donc, pour le bien même de l'entreprise, comme pour le bien de l'Afrique, qu'aucun fâcheux préjugé ne puisse résulter, même à tort, de nos débuts.

Placement hypothécaire. — Pour résoudre ce problème, nous avons pensé qu'il était utile de profiter du taux élevé de l'argent en Afrique, taux consacré par la loi, et conséquence de la rareté des capitaux, pour combiner avec notre exploitation agricole une série de placements hypothécaires. Le taux courant des prêts sur hypothèque est de 12 pour cent par an, payables d'avance de trois mois en trois mois; à ces conditions on donne hypothèque sur les maisons et immeubles d'Alger et de sa banlieue immédiate; plus loin, et même à une lieue d'Alger, l'intérêt va en s'augmentant encore. Si donc on apportait des capitaux à 10 pour cent, on opérerait ainsi un placement encore fort profitable, on rendrait en outre au pays l'éminent service de tendre à faire diminuer le taux de l'argent, et de plus on aurait l'avantage de choisir les emprunteurs et les garanties les plus solides. Or supposons que nous placions ainsi à 10 pour cent sur bonne hypothèque, une somme égale à

celle que nous emploierons dans nos travaux,
nous nous assurons par là, d'une manière certaine, un revenu de 5 pour cent sur le tout ; nous
nous plaçons au-dessus de toute éventualité, et
si les premières années notre exploitation rapporte
quelque chose de plus que les frais d'administration, ce sera un boni sur lequel nous n'avons pas
besoin de compter, et qui attestera la prospérité
de l'entreprise. Quant aux années subséquentes, ce
mode de placement, en continuant à nous assurer
un fonds certain de revenu, ne fera qu'améliorer
notre position, en nous appuyant toujours sur une
large réserve qui pourrait nous étayer en cas d'ac-
cident. Quant à la sécurité de ces placements, nous
aurions lieu de répéter toutes les considérations
faites ci-dessus sur la stabilité de la puissance européenne en Afrique, et l'avenir qui s'ouvre devant
ce pays. Nous ferons observer de plus que le régime hypothécaire est absolument le même qu'en
France, et qu'en prenant les mêmes précautions que
les gens instruits et prudents s'assurent ici, on
arrive à la même sûreté ; nous pourrons en outre
nous mettre en position de choisir les placements
et d'éviter ainsi tout ce qu'ils pourraient présenter
de louche et de périlleux.

Sous cette double forme de placement d'argent
et d'entreprise agricole, l'opération assure, autant
qu'il est possible, les intérêts actuels des sociétaires,

en leur laissant les avantages qu'offre l'avenir des exploitations, et elle concourt à l'avancement progressif de l'Algérie, sans compromettre son crédit.

De l'administration. — Il est important que l'administration soit simple, sûre, et peu onéreuse : l'on ne saurait trop y appliquer son attention, car plusieurs entreprises ont déjà péri par là ; aussi nous sommes-nous efforcés de réaliser le plus possible le concours des conditions ci-dessus. L'exploitation et les affaires de la société seront dirigées et administrées sur les lieux, par le directeur de la société en Afrique, qui ordonnera et distribuera les travaux, veillera à l'emploi des fonds de la société, à la rentrée des créances, et tiendra une comptabilité exacte des recettes et dépenses. A Paris, siége de la société, il y aura un second directeur qui correspondra exactement avec celui d'Afrique, et tiendra le double de ses comptes ; il ira tous les ans voir par lui-même l'état des choses, et en fera un rapport à l'assemblée des actionnaires ; c'est lui qui sera chargé de toutes les affaires de la société en France, et qui sera en rapport direct avec les actionnaires et leur conseil d'administration. Enfin, nous compterons aussi dans le personnel de l'administration un jardinier ou contre-maître, qui sera dans l'exploitation sous les ordres du directeur ; les travaux manuels de cet homme seront bien autant de dépenses de moins pour nous : cependant, comme il sera mieux payé qu'un ouvrier ordinaire, et qu'il emploiera souvent son temps à exercer une certaine surveillance, nous le compterons dans les frais d'administration.

Frais d'administration. - Le directeur d'Afrique devra fournir, indépendamment des garanties pécuniaires proportionnées aux mouvements de fonds qu'il aura à exécuter, des garanties morales de probité et de capacité; il devra résider toujours sur la propriété, et s'en occuper exclusivement. Nous pourrons aisément, ce semble, trouver un homme qui réunisse toutes ces conditions, étant logé et nourri sur l'exploitation, avec un traitement de 3,000 fr. par an, ou s'il le préfère 2,000 fr. seulement et une part dans les bénéfices qui dépasseront 5 p. o/o.

Le directeur de France devra offrir les mêmes garanties pécuniaires et morales. Nous pouvons d'avance assurer que cet emploi ne sera point à charge à la société; l'un d'entre nous réunissant, autant qu'il nous semble, les garanties désirables, est prêt à s'en charger, ainsi que du voyage d'Afrique, se contentant pour tout traitement, du tiers des bénéfices qui dépasseront 5 p. o/o, et cela pendant les quatre premières années seulement. Au delà de cette époque, l'assemblée générale aurait à voir si ces émoluments ne seraient pas alors trop élevés par suite de la croissance des revenus ; dans ce cas, elle les réglerait sur de nouvelles conditions. De cette manière, la société n'aurait à dépenser qu'autant qu'elle serait en bénéfice ; du reste, on jugera de ces conditions et des garanties qu'offre notre collègue.

En logeant et nourrissant le contre-maître dont nous avons parlé, et en lui donnant 1,000 fr. par an, nous pouvons compter non-seulement choisir celui qui nous conviendra, mais encore avoir avec lui sa femme qui pourra servir pour les travaux et arrangements d'intérieur. En effet, au jardin d'essai, les maîtres jardiniers sont payés au plus 1,000 fr., mais ne sont ni logés ni nourris ; le contre-maître de M. Frutié a 720 fr. par an, logé, chauffé, mais non nourri ; M. l'abbé Fissiaux, directeur du pénitencier agricole de Marseille, nous a assuré que nous pourrions en trouver au choix, à 800 fr. par an ; nous nous mettrons donc au-dessus de toutes les évaluations en portant 1,000 fr.

A ces dépenses, il convient d'ajouter, pour frais de correspondance, de transport d'argent et autres frais généraux, une somme de 1,000 fr.

Du reste, nous pensons qu'il est important de ne se grever de domestiques à gages, race pillarde et fainéante, que pour le strict nécessaire, comme, par exemple, les charretiers (nous avons tenu compte de cette dépense, en ajoutant aux frais de toute nature un supplément pour le transport) :

autant que possible, il faut faire exécuter les ouvrages à la tâche. Nous pensons aussi qu'il ne faut
point s'embarrasser de familles amenées d'Europe
à grands frais, et qui, après vous avoir grugé de
mille façons, vous quittent au moment où vous
en avez besoin; le pays et l'émigration naturelle
fournissent assez de monde pour nous dispenser
d'une pareille charge. Si nous récapitulons maintenant nos dépenses d'administration, nous trouvons :

Traitement du directeur d'Afrique, 3,000 fr.;
du contre-maître 1,000 fr.; frais de nourriture
pour les précédents, 1,000 fr.; frais généraux,
1,000 fr.; total 6,000 fr.

Nous pensons, à ce chiffre, avoir concilié pour
le mieux les intérêts de la sécurité et de l'économie de l'entreprise, de façon à la charger le moins
possible.

CHAPITRE II.

Capital. — Risques. — Revenus. — Proportions de l'entreprise. —
Principes de la société. — Éléments de ses statuts.

Du capital. — Nous pensons que, dans une entreprise qui ne comporterait qu'une exploitation

comme celle que nous avons exposée, il faudrait se munir d'un capital de 400,000 fr., dont l'emploi serait distribué ainsi qu'il suit :

La moitié du capital seulement serait versée d'abord, l'autre moitié resterait aux mains des actionnaires; et lorsque ceux-ci auront acquis, par les produits pécuniaires et résultats de toute nature, la preuve et la conviction personnelle de la prospérité et de l'avenir de l'entreprise, ils pourront autoriser l'émission de cette autre moitié, dont jusque-là le versement ne pourra être demandé : de sorte que chaque actionnaire n'engage réellement que la moitié de sa mise. Puis, lorsque l'expérience aura démontré à tous ce que nous avons cherché à faire pressentir ici, on étendra les travaux, et au besoin on fondera une nouvelle exploitation, avec les 200,000 fr. restants; n'ayant pas besoin, dans ce système, de faire alors une de ces extensions de capital qui font toujours soupçonner que la brillante apparence dont on se pare cache une débine réelle qui a besoin d'argent pour couvrir ses pertes. De plus, nous nous ménageons ainsi derrière nous une puissante ressource et cette considération a beaucoup de gravité : l'expérience a montré, dans ces dernières années, que ceux qui avaient eu l'imprudence d'engager de suite toutes leurs forces, s'épuisèrent en emprunts ruineux pour vivre pendant la guerre, et se relever après la paix. Aussi conclurons-nous que, dans un pays où il y a encore bien de l'expérience à recueillir, et beaucoup d'imprévu à attendre, il ne faut jamais faire de suite tout ce qu'on peut et dépenser son dernier écu.

Quant aux 200,000 fr. versés tout d'abord, ils seraient employés, ainsi que nous l'avons dit, moitié en placements hypothécaires, moitié en exploitation. Cependant, comme la première année sera loin d'absorber les 100,000 fr. destinés à l'exploitation, on pourrait, en commençant, placer hypothécairement, plus de 100,000 fr., soit, par exemple, 140,000 fr., sauf à combiner les termes d'exigibilité selon les besoins prévus de l'entreprise. Nous aurions ainsi l'avantage d'effacer la perte de temps nécessaire pour effectuer le placement, et d'augmenter même les revenus de la première année, ce qui suppléera au revenu tout à fait nul alors des immeubles.

Du reste, rien ne s'oppose à ce que l'on établisse l'opération sur une plus grande échelle; ce serait, au contraire, à souhaiter, pour l'Afrique où l'on amènerait ainsi plus de capitaux, et pour l'entreprise dont les frais d'administration seront d'autant moins lourds qu'elle sera plus considérable, et qui aura d'autant plus de chances de succès qu'elle sera plus puissante. Seulement, il serait utile dans cette hypothèse de modifier en moins la quotité des versements à effectuer de suite sur le capital.

Evaluation des risques. — Résumons - nous maintenant sur les risques de ce capital. La moitié reste entre les mains des actionnaires, il n'y a là aucun péril; le quart est employé en placements hypothécaires sur immeubles choisis, il est couvert par des garanties de trois fois sa valeur. Le dernier quart se décompose ainsi qu'il suit :

55,000 fr. en acquisitions et défrichements, choses qui ne peuvent être détruites; et l'assiette solide de la domination européenne nous garantit contre toute expulsion.

13,000 fr. en bestiaux et ustensiles; objets faciles à mettre hors d'atteinte, comme l'expérience l'a montré.

Restent les 12,000 fr. employés en constructions, et qui ne sauraient échapper à un incendie; encore les murs resteraient-ils.

Si nous additionnons enfin les sommes qui peuvent péricliter, nous trouvons à grand'peine 15,000 fr.; et quels sont ces risques, qui ne peuvent se rencontrer que dans le cas improbable où une nouvelle insurrection arabe arriverait dans un assez court délai pour pouvoir nous atteindre.

La conclusion générale de ces réflexions montre donc que le renouvellement des pillages de 1839 (supposition extrême) ne compromettrait que $\frac{1}{25}$

à peine du fonds soical, c'est-à-dire que chaque action de 5oo fr. n'aventure que 19 à 20 fr., tandis que, avec quelques années de paix encore, on peut arriver promptement à doubler son capital, tripler ses revenus, mettre le tout à couvert, et voir devant soi un magnifique avenir.

Revenus. —- Les revenus se composent du produit de l'exploitation et du produit des placements hypothécaires, déduction faite des frais d'administration.

L'exploitation produira bien peu de chose pendant les deux premières années, au delà des frais d'administration ; la troisième année donnera un boni plus considérable, qui augmentera encore à la quatrième année, suivant l'extension des cultures ; car il faut observer qu'à la troisième année on n'aura guère la jouissance que du cinquième des terrains, et que les frais de plantation ne donneront encore aucun produit. Les années suivantes suivront donc plus rapidement encore ce mouvement d'amélioration.

Les placements hypothécaires nous donneront régulièrement 5 pour cent de tout le capital versé, sauf les premières années où ils donneront un peu plus.

En somme, on peut affirmer sans crainte que le revenu des deux premières années sera de 5 à 6 pour cent, celui de la troisième de 7 pour cent, et qu'ensuite les revenus prendront un développement proportionnel à celui des cultures, jusqu'à ce qu'ils arrivent au terme des défrichements.

Réserve. — La constitution d'une réserve, formée par une quotité des revenus, est partout une mesure utile et prudente; ici elle est indipensable, étant motivée par trois puissantes raisons :

Premièrement, elle sera destinée à obvier à la lacune transitoire qui pourrait survenir dans la jouissance des revenus, en cas d'interruption de rapports entre l'Algérie et la France par suite de guerres européennes. On servirait, par ce moyen, un intérêt de 5 pour cent, et, à la reprise des rapports réguliers, on rembourserait ces avances à la réserve avec les produits accumulés pendant cet intervalle. Secondement, on couvrirait autant que possible, avec la réserve, tous les accidents et dommages imprévus qui surviendraient à l'exploitation, et qui, de cette manière, n'entameraient point le capital. Troisièmement, si l'entreprise arrivait à un degré de prospérité qui mît son capital hors de toute crainte, on pourrait employer la réserve à pousser plus avant notre développement, et même risquer alors, avec ce résultat de nos bénéfices, quelque opération plus aventureuse peut-être, mais aussi éventuellement plus profitable. Le fonds de réserve serait ainsi comme l'avant-garde du capital social, soit pour le couvrir de toute atteinte, soit pour avancer son extension. D'après ces considérations, malgré l'infériorité des produits, il y aurait probablement nécessité d'aviser à placer les fonds de réserve en France.

Proportion de l'opération. — Jusqu'ici nous n'avons raisonné et calculé que dans l'hypothèse d'une seule grande exploitation; or, nous ferons remarquer, avant de terminer, que si au lieu d'une seule on en établissait plusieurs, l'administration serait moins chère encore, et la dépense du capital proportionnellement moindre, surtout vis-à-vis des produits.

L'administration de six exploitations exigerait un directeur principal, qui demeurerait sur l'une des exploitations, cinq gérants sous ses ordres, et un ou deux contre-maîtres; soit donc le directeur principal, 4,000 fr.; chacun des gérants, 2,000 fr.; les deux contre-maîtres à 1,000 fr. l'un; leur nourriture à tous, 4,000 fr.; les frais généraux, 1,000 fr. Total, 21,000 fr.; c'est-à-dire, par exploitation, 3,500 fr.

Les dépenses en capital seront moindres : nous observerons, en effet, que les 100,000 fr. jugés nécessaires ci-dessus, comme capital d'établissement, comprennent une forte portion de dépenses, uniquement applicables à la petite exploitation du Massif, que nous avons supposée comme mesure de prudence; elle figure pour 40,000 fr. au moins d'acquisition, appropriation et défrichements; car ces derniers ne sont pas à beaucoup près aussi coûteux dans la Métidja. Donc une exploitation seule dans la Métidja reviendrait à peine de 5o à 6o,ooo fr.; et, quoique seule, elle donnera des produits peu différents de ceux que nous avons déjà indiqués; car nous avons considéré la petite exploitation du Massif comme particulièrement consacrée aux premières plantations, et omis ses produits spéciaux; avec le capital ci-dessus, on pourrait toujours avoir dans la seule exploitation de la Plaine, au bout des trois mêmes années, les mêmes 8o hectares et les mêmes bestiaux.

On doit par conséquent évaluer que l'établissement de chaque grande exploitation coûte, au bout de trois ans, de 5o à 6o,ooo fr., et qu'elle rapporte à cette même époque environ 9,ooo fr. Donc six exploitations coûteraient 36o,ooo fr., et rapporteraient 54,ooo fr., cela sans préjudice des développements ultérieurs du revenu que nous avons indiqué; leur administration coûterait 21,ooo fr., laissant ainsi 33,ooo fr. de bénéfice net, soit un intérêt de 1o pour cent du capital employé. On voit de suite l'avantage que l'on trouve à faire l'opération sur une forte échelle. Aussi nous ne fixerons le chiffre définitif du capital social que selon le concours de capitaux que nous obtiendrons ; car plus la société pourra réunir de fonds, plus son avenir sera beau et certain. Nous ferons part alors de cette détermination, ainsi que des statuts définitifs, à tous ceux qui nous auront manifesté l'intention de souscrire ; seulement, il serait important que ces déterminations fussent fixées le plus tôt possible, pour ne point perdre un temps précieux *.

Esquisse des statuts. — Nous présenterons maintenant dans un ordre méthodique les principes généraux qui devront présider aux statuts, en tout état de cause, et quels que soient la valeur du capital ou le mode d'exploitation.

La société est anonyme ; elle a pour objet l'exploitation des terres en Afrique, et des placements hypothécaires dans ce pays ; son siége est à Paris.

Le fonds social sera déterminé selon les circonstances ; partie en restera aux actionnaires, partie en sera consacrée aux placements hypothécaires, partie aux exploitations. Les proportions de cette répartition seront fixées selon la force du fonds social.

L'assemblée générale des actionnaires se tiendra,

---

* Voir, à la fin du livre, la note où nous parlons des souscriptions.

tous les ans, avec les attributions ordinaires à toutes ces assemblées.

L'administration aura pour éléments : un conseil d'administration nommé par l'assemblée générale parmi les actionnaires ; il délibérera, tous les mois, sur les comptes, les travaux et les mesures à prendre. Les deux directeurs, l'un en France, l'autre en Afrique, exécuteront ces mesures, chacun dans ses attributions, comme elles ont été détaillées plus haut.

Les dépenses de premier établissement seront supportées par le fonds social ; les frais d'exploitation, d'administration et autres dépenses courantes, seront prélevés sur les produits.

Les placements hypothécaires seront opérés sur la proposition d'un des directeurs, signée du notaire. Cette proposition devra être approuvée par l'autre directeur et le conseil d'administration. Le placement ne pourra être effectué que sur de bonnes et sûres hypothèques, après avoir pris toutes les précautions prescrites par le code, et sur un certificat d'expert que la valeur libre de l'immeuble hypothéqué dépasse des deux tiers au moins la somme prêtée. Autant que possible, les deux directeurs devront se trouver en Afrique lorsqu'on opérera un placement ; ils partageront, vis-à-vis de la société, la responsabilité que la jurisprudence actuelle fait peser sur le notaire. S'il n'y en a qu'un de présent, lui seul encourra cette responsabilité spéciale ; mais, si le prêt s'élevait à une forte somme, il serait de rigueur qu'ils y concourussent tous les deux.

On déterminera les règles les plus strictes pour que les directeurs n'aient jamais entre les mains au delà d'une somme limitée d'avance. Les fonds sociaux auront pour caissiers des banques désignées ou la caisse des dépôts et consignations, et ils ne seront disponibles que sur un titre émanant des deux directeurs, et visé par le conseil d'administration.

La réserve sera formée du dixième des produits nets. Ses produits s'accumuleront sur elle-même.

Des comptes seront présentés annuellement aux actionnaires, avec une situation de l'entreprise. Si, au bout de trois ans, les exploitations ne donnent pas de bénéfice net en sus des frais d'administration et ne montrent pas en même temps les signes de leur développement progressif, les actionnaires pourront demander une expertise des exploitations. Si cette expertise montrait qu'il y a perte de moitié ou plus du capital employé, il y aurait lieu à exiger la dissolution.

Prévoyant le cas de guerre et d'interruption de rapports réguliers entre la France et l'Afrique, les statuts régleront alors la conduite et l'autorité du directeur d'Afrique, de façon qu'il soit autorisé et contrôlé dans tous ses actes. Les principes de ces dispositions se trouveront tantôt dans l'adjudication publique, tantôt dans la nomination d'experts, tantôt dans des dépôts mensuels de comptes et d'inventaires, etc., etc., selon les circonstances qui seront énumérées avec détail.

Il ne faut point s'étonner de trouver dans cette esquisse beaucoup de choses indécises et des dispositions indéterminées. Ce n'est qu'avec des souscripteurs certains et d'après l'importance connue du capital social que l'on peut préciser quelques moyens et quelques chiffres. La rédaction définitive aura lieu alors, et sera envoyée à tous ceux qui auront annoncé l'intention de souscrire; ils verront alors à lui donner leur adhésion dernière s'il leur semble convenable.

CHAPITRE III.

Exploitations particulières. — Exploitation par indigènes. — Etablissements de villages.

Nous nous sommes sans doute proposé principalement d'établir un cadre où pussent converger tous ceux qui veulent concourir aux progrès de l'Algérie, et y recueillir les larges bénéfices qui y sont présagés aux capitaux et à l'industrie qui s'y porteront. Notre premier but est bien de réunir, dans une société nationale autant qu'industrielle, les forces de ceux qui s'intéressent à ces friches si fécondes sans pouvoir s'y établir; mais nous désirons aussi compléter utilement pour quelques autres ce travail, qui peut déjà offrir des renseignements utiles à toute personne qui voudrait se fixer en Afrique, en montrant qu'une exploitation, organisée avec autant de frais et mise ainsi en gestion, n'est pas le seul mode par lequel on puisse opérer sur les immeubles de l'Algérie et les mettre en valeur. Si nous avons choisi celui-là, c'est qu'il nous a semblé que, pour tous ceux qui ont à leur disposition des capitaux un peu considérables, c'était le plus immédiatement fructueux et celui qui garantissait le mieux les intérêts du présent en assurant les développements de l'avenir. On pourra en juger, du reste, en le comparant avec ce qui va suivre.

Mais il peut se faire que beaucoup de personnes ne puissent disposer de pareilles forces ou redoutent les embarras et les risques d'une gestion. A ceux-là nous indiquerons d'autres moyens pour exploiter le sol de l'Algérie, moyens qui peuvent, du reste, nous être aussi de quelque utilité si le concours de capitaux que nous demandons ne répondait à notre appel que d'une manière insuffisante.

Exploitation par gestion. — On peut former

une exploitation analogue à celle que nous avons exposée, mais sur des proportions plus restreintes. Si l'on se contente d'une concession dans la Mitidja, on peut cultiver, dès en débutant, des terrains qui n'exigent aucun défrichement; ici donc, il n'y a point de frais. — En réduisant l'enceinte et les constructions de moitié, on atteindra à peine à 6,000 fr. — Les bestiaux strictement nécessaires aux travaux ne peuvent être évalués à plus de 4,000 fr. — En n'exécutant les plantations que lentement et à temps perdu, elles n'entraîneraient guère d'autres dépenses que celle de l'achat des plants, soit donc seulement 1,000 fr. — Un mobilier aratoire, etc., de 1,500 fr. — Pour frais divers d'installation et de premières cultures, 1,500 fr. — Frais d'assainissement de chemins et autres, 2,000 fr. — Total 16,000 fr.

Il est difficile d'établir à moindres frais une exploitation un peu grande; mais si de cette manière on sacrifie un peu, au moins on éloigne les grands progrès de l'avenir. Les bénéfices sont aussi plus restreints, ce qui ne permet guère d'agir de la sorte qu'à celui qui peut y consacrer sa personne et tout son temps; autrement il faudrait sacrifier aux frais de gestion tous les produits actuels de l'exploitation et même y ajouter, sauf à se dédommager, dans l'avenir, tant sur la crue du revenu que sur l'augmentation de valeur de l'immeuble.

Quant à celui qui dirigerait personnellement une pareille exploitation, il y trouverait aisément son entretien; il pourrait même, d'année en année, consacrer à son développement quelque excédant de produit, et pousser aussi les plantations et autres améliorations de sa propriété.

Mais entre 16,000 et 50,000 francs, il y a un grand intervalle, dans lequel chacun peut se classer selon ses ressources, augmentant d'autant plus sa puissance et ses chances de succès qu'il aura sous la main plus de moyens d'action.

Exploitation à moitié fruits. — On peut aussi, au lieu de faire cultiver à son compte, placer dans les bâtiments que l'on a construits des colons partiaires, qui cultivent à moitié fruits pour vous; on leur fournit les bestiaux, les semences, les harnais et outils. Ces colons sont ordinairement des familles de cultivateurs venant de France ou d'Espagne; mais ces derniers, qui certes sont bien les meilleurs, ne consentent guère à se placer que dans des exploitations assez rapprochées d'une ville pour qu'ils puissent s'y rendre le dimanche; on en trouve déjà néanmoins à 3 lieues et demie ou 4 lieues d'Alger. M. le baron Vialar en a décidé quelques-uns à venir cultiver la ferme qu'il possède non loin de la ferme-modèle. Souvent il faut faire à ces colons l'avance de tout, même de leur nourriture du premier jour, mais il commence à venir de France des familles de laboureurs un peu moins dénuées de ressources, quelquefois même apportant un petit capital.

Exploitation par indigènes.—Exploitation par les Arabes.—Dans la partie deuxième, au chapitre des produits, section du blé, nous avons parlé du mode de cultiver des Arabes; quelques Européens se sont servis de ce moyen d'exploitation, qui ne laisse pas d'offrir certains avantages : il n'y a ni bâtiments à construire, ni frais de défrichements, etc., etc.; il ne faut absolument que les bœufs du labour, les semences, les outils fort peu coûteux du pays, et les avances à faire aux Arabes. Une exploitation de 8 paires de bœufs, environ 32 hectares, exige à peine une mise de fonds de 5,000 francs.

8 paires de bœufs.	1,600 f.
50 à 60 hectolitres pour semence, à 15 fr.	900
Les charrues et harnais.	150
Avances en argent.	600
Idem en nature.	300
Frais de garde et de récolte (60 et 70 fr. par paire de bœufs).	600
Total.	4,150

Quant aux revenus, vous pouvez, si l'année est bonne et que vous exerciez une active surveillance, presque doubler votre argent; car, sur une récolte de 400 hectolitres (nous ne calculons guère que six pour un à cause des fourberies des Arabes pour la semence), il vous en reviendrait pour votre part 320 hectolitres, qui joints au remboursement de vos avances et à votre portion de paille, dépasseraient certes 4,000 fr.

Mais le bénéfice le plus clair de cette méthode c'est encore la modicité des déboursés, et on va juger de ses nombreux inconvénients.—Les Arabes ont l'habitude de dérober une forte portion de la semence. Leur culture est si mauvaise que, dans les années défavorables, vous récoltez à peine pour couvrir vos frais. — Vous sacrifiez l'avenir et la valeur que pourraient donner à l'immeuble l'implantation de la population européenne, et ses travaux. Enfin la modicité même des déboursés cesse d'offrir un si grand profit, quand on considère qu'une pareille méthode ne peut être usitée sur des terrains de concession gratuite, parce que le gouvernement oblige alors à des travaux plus sérieux. On ne peut donc opérer ainsi que sur des propriétés achetées, et la nécessité de retrouver l'intérêt du prix, ou la rente à servir, réduit considérablement les produits déjà bien restreints et fort incertains d'une culture vicieuse.

Ce mode n'offre donc d'avantages réels qu'à ceux dont l'attention et les capitaux absorbés provisoirement dans d'autres exploitations, cherchent pourtant à tirer quelque revenu de celles qu'ils ne peuvent encore mettre en valeur ; ou bien pour ceux qui, tout en cultivant avec soin une portion d'une grande propriété, voudraient utiliser le reste des terrains par cette culture peu dispendieuse. Ce dernier cas peut se présenter d'autant plus facilement, que, dans ces circonstances, le fait de concession gratuite n'apporterait aucun empêchement à l'exploitation arabe, puisqu'on aurait exécuté ailleurs les travaux exigés. Rien n'empêche, en outre, d'opérer les greffes et plantations que l'on peut faire, ni même de réserver les endroits les plus propices à la récolte des foins ; ces dernières considérations peuvent en certains cas rendre ce mode de culture fort acceptable.

Mais encore le défaut de bâtiments laisse-t-il toujours une grande difficulté de surveillance, pour le propriétaire à qui il serait souvent pernicieux de coucher comme les Arabes en plein air dans la Mitidja. Or la surveillance la plus exacte est ici une condition indispensable.

Élève de bestiaux. — Quelques-uns se contentent d'élever ou d'engraisser de nombreux troupeaux sur leur propriété. Ce système donne lieu aux mêmes réflexions que le précédent, mais en outre il offre plus de risques par les, vols, fraudes, ou mortalités de bétail qui peuvent survenir ; il exige une surveillance plus continue peut-être, et plus difficile encore ; les plantations et les greffes que l'on ferait seraient exposées aussi à plus de dommages. Enfin les bénéfices du commerce de bestiaux, qui n'ont plus à beaucoup près la même étendue et la même constance qu'autrefois, tendent encore à décroître de jour en jour.

Fondation de villages. — Il est un dernier système tout différent de ce que nous avons vu jusqu'ici et dont voici les principes en détail. Si, possédant à titre de concession gratuite ou pour un prix minime un immeuble considérable (depuis 200 jusqu'à 500 hectares et au-dessus), vous pouviez implanter au milieu un centre de population, il est évident que vous donneriez sinon immédiatement, du moins dans un temps fort prochain, une certaine valeur à vos terrains, en vous procurant aussi toute facilité pour les faire exploiter ou les louer ; d'autre part, quand on établit un village sur son terrain, le gouvernement donne une prime de 1,000 francs par famille établie, à charge par chaque famille de rembourser ces 1,000 francs par annuités fort légères, et sous la garantie du propriétaire fondateur ; à charge en outre pour celui-ci de fournir gratuitement le terrain du village et un minimum de 4 hectares de terre par famille.

Combinant ces deux principes, vous établissez le village sur une concession assez considérable obtenue du gouvernement : ici point de déboursés ; mais il est de votre intérêt de construire au moins un premier noyau de maisons , afin d'attirer une population plus choisie, et de faciliter son installation. Vous vous couvrez, du reste, d'une partie de vos frais en retenant la prime accordée par l'état. De cette façon, en choisissant l'emplacement et en disposant les concessions d'une manière favorable pour la mise en valeur la plus prochaine et la plus fructueuse du reste de l'immeuble , on ouvre devant soi une belle spéculation.

Plan d'un village. — Voici un des plans que l'on peut se proposer avec ses frais approximatifs. Construisant une enceinte carrée, dont l'étendue est proportionnelle au nombre de familles que l'on veut établir, on adosse à l'extérieur contre ces murs d'enceinte les maisons des colons, sauf à disposer, si l'on veut, dans l'intérieur, de nouvelles constructions. De cette manière on utilise les frais de clôture, pour économiser un des longs pans de chaque maison ; et l'enceinte n'en offre que plus de sécurité, par sa solidité et sa hauteur (4 mètres 66 centimètres au-dessus du sol), on peut même ménager des meurtrières à hauteur du grenier, et des avancées à chaque angle desquelles on puisse commander les longs pans de l'enceinte. On arrive en outre, par ce système de bâtiments rangés les uns contre les autres, à épargner un pignon par maison. Il suffit qu'elles offrent une profondeur de 10 pieds.

Chaque famille recevrait ainsi à son arrivée une chambre de 10 pieds sur 15 de long, avec le grenier correspondant, 4 hectares de terre, le droit de cuire son pain dans un des fours qui seraient édifiés à cet effet dans le village; l'eau serait fournie au moyen de dérivations ou de puits. On pourrait, pour ceux qui auraient quelque bétail, appuyer en avant de la maison un appentis en basse-goutte. Il y a là tout ce qu'il faut pour les nécessités du début.

Pour installer ainsi vingt-deux à vingt-cinq familles, une enceinte de 30 mètres de côté est assez grande; voici le détail des dépenses nécessaires.

Maçonnerie. — Quatre murs d'enceinte, de 30 mètres de long, 50 centimètres d'épaisseur, 5 mètres 50 centimètres de hauteur, y compris les fondations, font 330 mètres cubes;—quatre longs pans intérieurs, de 3 mètres de haut, font 180 mètres cubes; — vingt-deux murs de refend, hauts de 3 mètres d'un côté et de 5 mètres de l'autre, longs de 3 mètres 50 centimètres, épais de 33 centimètres, font 114 mètres cubes;—en tout, 624 mètres cubes de maçonnerie, qui, à 18 fr., comme nous l'avons expliqué plus haut, produisent une somme de 11,232 fr.

Charpente. — Pour chaque maison il faut une poutre de 13 pieds de long, équarrissant de 1 pied sur 5 pouces, 15 fr. ; — seize solives de 8 pieds de long, 32 fr.; — un arbalétrier, deux filières et liens, 20 fr.; — quinze chevrons, 22 fr.; — façon et pose pour 1 stère 25 centistères de bois en œuvre, 43 fr.; — déchets, etc., 28 fr.; — plancher, quinze planches et la pose, 20 fr. — Total par maison, 180 fr.; — pour vingt-deux maisons, 3,960 fr.

Toiture. — L'ensemble de la toiture forme 500 mètres carrés, qui à 4 fr. le mètre, tuiles et pose, plus les faîtières et garnitures, donnent un total de 2,400 fr.

Détails intérieurs. — Portes et fenêtres, 40 fr. par maison; — ferrements, carrelage, cheminées, etc., 210 fr. — Total pour chaque maison, 250 fr.; — pour vingt-deux maisons, 5,500 fr.

Total de la construction des vingt-deux habitations, 23,092 fr.

Dépenses communes. — Deux fours, deux puits ou conduits d'eau, porte d'entrée, terrassements et d'autres dépenses non prévues, 3,908 fr.; — qui joints aux 23,092 fr. ci-dessus, produisent une somme de 27,000 fr., pour tous les frais d'établissements du village. La justification des prix ci-dessus peut aisément se trouver dans le courant de ce livre, partie deuxième, chapitre 2, article de la construction.

Cette somme de 27,000 fr. forme environ un déboursé de 1,250 fr., pour chacune des vingt-deux familles. Mais supposons à cause du transport de la charpente et pour porter tout au plus haut, qu'il aille à 1,500 fr. ; on le réduit d'abord de 1,000 fr., en s'appliquant la prime donnée par le gouvernement, puis on peut stipuler que, lorsque le colon aura rempli les annuités destinées à rembourser l'état, de nouvelles annuités commenceront pour rembourser les 500 fr. restant, et peut-être, dans son intérêt bien entendu, devrait-on plutôt faire l'abandon de cette somme pour faciliter les progrès et l'aisance des colons. Mais, quelque parti que l'on prenne, ce ne serait jamais qu'une avance de 500 fr. par famille, soit en tout 11,000 fr.

Mesures à prendre. — On doit avoir soin du reste de se réserver les terrains limitrophes, au moins sur un des côtés du village, et le droit de faire de nouveaux bâtiments plus tard dans l'enceinte ; il faut aussi disposer les concessions de terre non pas seulement par masses, mais par partie en bandes qui pénètrent dans l'intérieur de ses terrains ; ces conditions sont utiles pour le développement à venir des habitations, et pour les produits futurs de l'opération, car il est juste que l'on trouve une récompense et un bénéfice après ses travaux. Au bout de trois ou quatre ans, on pourra se créer sur les 150 à 200 hectares réservés un revenu net et facile de 5 à 6,000 fr., par des locations partielles ;

et garanties par les propriétés des colons déjà mises en valeur; plus tard on pourra vendre quelques lots de terre, ou augmenter ses locations, et le revenu suivra une progression constante; il aura été avantageux aussi d'exécuter des plantations sur les parties réservées de l'immeuble, et cela dès le principe; non-seulement on avance par ce moyen le moment d'un grand accroissement de produits, mais, de plus, on fournira ainsi quelque travail à ses colons; secours bien efficace pour eux à l'époque de leur installation, où, débutant dans un pays dont ils ignorent les ressources et les habitudes, ils seront d'abord fort embarrassés pour s'occuper fructueusement. Par cette considération il est important de ne point établir un pareil village hors de la portée d'un centre de population déjà établi depuis quelques années, où les colons puissent aisément se procurer de l'ouvrage. En principe général, plus on améliore la position de ses colons, plus on tend à améliorer la sienne; plus ils seront riches et aisés, plus les terres réservées croîtront en valeur et en produit.

De la Colonisation en général. — S'il nous est permis de sortir ici de la réserve que nous nous sommes imposée et d'exprimer à ce sujet une idée sur la colonisation en général, nous dirons que les villages doivent être destinés à amener la population dans le pays, et fournir ainsi les moyens de le travailler; les exploitations pàrticulières ont pour rôle de procurer à cette population la continuité du travail, et l'aisance de tous les jours.

En effet, celui qui établit un village peut et doit y installer la population avec le plus de facilités possibles, c'est son obligation et son intérêt; mais les petites concessions qu'il accorde ne peuvent suffire à occuper tout le temps des travailleurs, et leurs produits doivent être attendus; il est donc indispensable qu'ils trouvent aussitôt des travaux extérieurs et des salaires immédiats. D'autre part, le fondateur d'une exploitation ne peut point, comme nous l'avons vu, se grever du fardeau de familles à gages; il lui est donc nécessaire de trouver dans son voisinage un centre de population où il puisse prendre les bras nécessaires pour ses travaux.

S'il pouvait se former une société assez puissante pour se charger dans un espace étendu d'opérer ce double mouvement, en établissant parallèlement des centres de population et des exploitations particulières autour, on résoudrait avec plus de régularité et d'avantage ces deux questions économiques de l'avenir algérien, l'importation d'une population et l'apport des capitaux. On doit observer aussi que, créant à la fois les villages et les exploitations, on pourrait imprimer à la population nouvelle plus d'ordre et de régularité que l'on n'en a trouvé jusqu'à ce jour.

Du principe d'association. — Ce besoin d'ordre et de régularité nous rappelle quelques idées que nous ajouterons encore à cette digression théorique : il serait à souhaiter que l'on établît en Algérie quelques centres de population organisés d'après les principes d'association qui rallient tant d'esprits aujourd'hui, et qui peut-être ont une place réservée dans l'avenir des sociétés. Nous n'osons exprimer que des souhaits, car nous savons que ces idées n'ont point encore acquis assez d'expérience pratique, pour se concilier les capitalistes puissants, dont l'appui serait rigoureusement nécessaire pour leur application.

Cependant nous ne saurions nous empêcher d'exprimer ici la conviction profonde où nous sommes que, nulle part ailleurs, on ne serait plus favorablement placé pour essayer la formation et l'éducation d'une société fondée sur des principes plus religieux et plus harmonisés entre eux que ceux au milieu desquels nous nous agitons sans cesse. Déjà on a pu s'éclairer, par les pénitenciers de Marseille, de Mettray et de Bordeaux : de ces prisons sortent des ouvriers bien préférables à la plupart de ceux qui n'ont jamais commis quelqu'un de ces heureux délits qui les ont envoyés dans ces saints asiles. A la suite de cette expérience certaine, nous nous bornerons à émettre un vœu bien modeste, c'est qu'on établisse en Afrique des maisons analogues pour ces milliers d'enfants trouvés qui forment en France le fonds constant de la population criminelle. On produirait ainsi, en Algérie, un nouvel élément de population très-propre aux récoltes du coton, des feuilles, des olives, etc., et ce serait un premier pas qui déterminerait peut-être ensuite quelque amélioration sociale plus profonde.

Nous avons réellement des excuses à faire après cette longue excursion sur un terrain qui n'est pas de notre ressort ; cependant nous osons compter sur de l'indulgence pour un écart qui n'est que l'élan d'une vive conviction.

Résumé sur les villages. — Ce système de construction de villages que nous venons d'exposer offre ces avantages, que l'on peut, à la rigueur, n'y consacrer qu'un capital peu élevé, et que, le village une fois établi, on peut tranquillement, sans surveillance et sans embarras de gestion, attendre le moment favorable pour y créer des revenus. Mais nous ferons toujours observer que, pour que la spéculation fut régulière et complète, il faudrait que le village fût accompagné au moins d'une exploitation privée.

Quoi qu'il en soit, nous-mêmes, si nous ne réunissions qu'un nombre de capitaux insuffisant pour exécuter ce que nous proposons, nous pourrions nous rejeter sur ce système ou sur quelqu'un des modes ci-dessus énoncés, moins productifs sans doute, mais aussi bien moins dispendieux.

Nous terminerons ce chapitre par une dernière recommandation. Quel que soit le moyen d'exploitation que l'on embrasse, nous conseillerons à tout colon de ne point se laisser entraîner, d'être excessivement réservé dans ses dépenses, et de toujours faire deux parts de ses fonds, l'une pour ses travaux, l'autre dont le revenu doit subvenir à ses besoins.

APPENDICE.

Faits et renseignements divers.—Sur l'état général de la colonie
et sur quelques objets spéciaux pour les colons et les voyageurs
en Algérie.

———

Nous diviserons ces renseignements en deux
grandes catégories : les uns intéressent l'état général de la colonie; les autres sont relatifs à
quelques objets spéciaux , soit quant à leur
objet , soit quant aux personnes à qui ils s'a-
dressent.

RENSEIGNEMENTS GÉNÉRAUX. — *Population.* —
Voici la progression de la population européenne
de l'Algérie depuis 1830. En 1831, 3,228 h.; —
en 1832, 4,858 h.; — en 1833, 7,812 h.; — en
1834, 9,750 h.; —en 1835, 11,221 h.;—en 1836,
14,561 h.; — en 1837, 16,770 h.; — en 1838,
20,078 h.; — en 1839, 25,000 h.; en 1840,
28,736 h.; — en 1843 elle s'est élevée à 65,000
habitants. Et cette progression continue de plus
en plus rapide; car, du 1er juillet au 1er octobre 1843, en trois mois, l'augmentation a été

de 7,000 habitants. On peut donc augurer qu'avant deux ou trois ans la population s'élèvera à 150 ou 200 mille Européens; et on voit que nous n'avancions rien de hasardé, en disant que celui qui s'établirait présentement en Afrique se trouverait probablement débordé par la population dans deux ou trois ans.

Sur ces 65,000 Européens, la province d'Alger seule compte pour 35,687 habitants.

Douanes. — Les droits de douane que l'on perçoit en Afrique sont très-peu élevés; ils produisent communément d'un million à 1,200,000 francs; mais il vient de paraître, le 16 décembre 1843, une ordonnance établissant de nouvelles bases qui augmenteront probablement ce produit. Nous en citerons les principales dispositions :

« Les transports entre la France et l'Algérie sont réservés aux navires français. Les navires français et sandales algériennes sont affranchis de tous droits de navigation. En principe général, les navires étrangers paient à leur entrée un droit de 4 fr. par tonneau de jauge. —

Les produits du sol et de l'industrie sont exempts des droits de douane. Les grains, bois de toute espèce, matériaux à bâtir, métaux bruts ou simplement laminés, les bestiaux et plants d'arbres sont aussi exempts, quelle que soit leur origine.

Les tissus de coton, venant de l'étranger, paient par kilog. depuis 85 cent. jusqu'à 45 fr. 40 cent. Les tissus de laine, même provenance, paient depuis 6 fr. 60 cent. jusqu'à 25 fr. 85 cent. par kilog. Les sucres bruts des colonies françaises ou de France, 10 fr. par cent kilog. Les sucres bruts de l'étranger, mêmes droits qu'en France. Les sucres raffinés en France, 20 fr. par cent kilogrammes, etc., etc.

Les sucres raffinés à l'étranger et les armes, munitions de guerre, contrefaçons de librairie et de gravure, de toute provenance, sont prohibés.

« Les exportations pour France sont franches de droits ; les exportations pour l'étranger suivent le tarif de France, sauf les grains, qui sont exempts.

« Les marchandises imposées à la valeur, ou à plus de 15 fr. par cent kilog., ne peuvent être importées que par les ports d'Alger, Mers-el-Kebir, Oran, Tenez, Philippeville, Bone. L'importation par terre est prohibée en principe, sauf les modifications que détermine le gouverneur général.

« Il pourra être établi un entrepôt à Alger, Mers-el-Kebir, Oran, Tenez, Philippeville, Bone ; en attendant, on pourra admettre les marchandises en entrepôt fictif.

Les produits d'Algérie, à leur arrivée en France,

paient seulement la moitié des droits fixés pour la provenance la plus favorisée, sauf cependant les produits similaires à ceux des colonies françaises, qui paient les mêmes droits que celles-ci, c'est le coton, la cire, les dents d'éléphants, les arachides. » (Voir pour plus de détail, *Bulletin des lois*, nº 1062, vol. de 1843, pag. 821.)

Principaux objets d'exportation. — Les principaux objets d'exportation sont, jusqu'à présent, les peaux brutes, os et cornes, laines, huile d'olive, cire brute, plumes de parure, tabac, kermès, lichens tinctoriaux, corail brut, sangsues; et plus tard on y verra se joindre le coton, la soie, le liége, et même des métaux, dont de riches gisements sont connus en plusieurs endroits.

Impôts. — L'impôt foncier et celui des portes et fenêtres n'existent pas encore pour les Européens; du reste, les seuls impôts actuellement en vigueur sont : les droits d'enregistrement, les droits de greffe, les douanes, les patentes et licences, les octrois; ce n'est que depuis un an que le timbre a été appliqué en Afrique; si l'on y joint les contributions arabes, les revenus des propriétés domaniales, et rentes en argent dues au domaine, on aura complété les sources du revenu public en Algérie.

Ce revenu a suivi une progression constante. En 1831 il a produit 1,048,479 fr. 12 cent.; —

en 1832, 1,569,108 fr. 46 cent.; — en 1833, 2,237,154 fr. 33 cent.; — en 1834, 2,542,660 fr. 64 cent.; — en 1835, 2,518,521 fr. 47 cent.; — en 1836, 2,865,384 fr. 22 cent.; — en 1837, 3,705,852 fr. 64 cent.; — en 1838, 4,178,861 fr. 67 cent.; — en 1839, 4,469,870 fr. 95 cent.; — en 1840, 5,610,710 fr. 37 cent.; — il doit être maintenant de 7 à 8 millions.

Renseignements spéciaux. — *Poids et mesures.* — Les poids, mesures et monnaies de France sont parfaitement vulgarisés maintenant, tant parmi les indigènes que parmi les autres Européens ; néanmoins nous avons cru utile de placer ici le tableau de quelques poids, mesures et monnaies des indigènes.

Le sultani d'Alger (monnaie d'or) vaut 8 fr. 40 c.; — la piastre d'Alger (monnaie d'argent), 3 fr. 80 cent. ; — le boudjou de Tunis, 90 cent. (à Tunis il vaut 75 cent.); — rebiah d'Alger, 50 c.; — realdram, 70 cent.; — temin-boudjou, 25 c.; poids d'épiceries et menues denrées, el rotl attari, vaut 530 grammes ; — poids pour viande, légumes, pain, el rotl kheddarie, 1 kilog. 510 grammes ; — poids pour l'or, l'argent, les monnaies, el rotl saari, 500 grammes.

Mesures de capacité. — Le saâ de blé, 106 kilog. (environ 60 litres); — le saâ d'orge, 80 kilog.; — le saâ de sel, 135 kilog.; — le kolla pour l'huile, 12 litres.

Mesures de longueur. — Le pic turc, 636 mètres ; — le pic arabe, 500 mètres ; — le rob est le huitième du pic.

On se sert aussi des monnaies enropéennes suivantes : quadruple d'Espagne (or) , 84 fr. (à Marseille il vaut 83 fr.); la piastre d'Espagne (argent), 5 fr. 45 cent. ; le thaler d'Autriche, 5 fr. 58 cent. ; les Arabes affectionnent surtout la piastre espagnole, à laquelle ils sont habitués depuis longtemps ; par suite des mêmes habitudes traditionnelles ils l'appellent douro ; ils nomment aussi nos écus de 5 fr. un douro français.

Denrées et objets usuels. — Pain, 1 kilog, 40 c. ; — *id.* de deuxième qualité, 30 cent. ; — viande, *id.*, 80 c.; — sucre, *id.*, 1 fr. à 1 fr. 10 cent.; — — café , *id.*, 1 fr. 20 c. à 1 fr. 50 cent.; — vin, la bordelaise de 220 litres, 60 fr. (cette année le vin est très cher); — pommes de terre, 100 kilog., 11 fr. à 12 fr.; — sel marin , 100 kilog., 7 fr.; — œufs, le cent, 10 fr. à 12 fr.; — riz, 100 kilog., 49 fr. 37 cent. ; — haricots, 54 kilog., de 14 fr. à 20 fr.; — pois, *id.*, 35 fr.; — morue, *id.*, 18 fr. à 20 fr.; — lard, 100 kilog., 65 fr. à 70 fr.; — graisse, 54 kilog., 68 fr. à 75 fr.; — huile d'olive comestible, le litre, 1 fr. 40 c. à 1 fr. 60 cent.; — le beurre est fort cher et mauvais. Huile à brûler, le litre, 80 cent. à 1 fr. — porc salé, 100 kilog., 70 fr.; — fromage de Gruyères, *id.*, 65 fr. à 70 fr.; — fromage de Hollande, 100 kilog., 75 fr.

Bois à brûler, 100 kilog., 4 fr. ; — charbon de bois, 100 kilog., 12 fr.; — charbon de terre, 100 kilog., 5 fr. 60 cent.; — savon ordinaire, 54 kilog., 34 fr. 50 cent.; — savon noir, 54 kilog., 32 fr. 75 cent.; — tabac, 100 kilog., 167 fr.; — cire, 1/2 kilog., 1 fr. 70 cent; — fers, 100 kilog., depuis 22 fr. jusqu'à 55 fr.

Quant aux outils, voitures, etc., on trouvera les prix dans une des notes qui vont suivre.

La nourriture d'un ouvrier par jour coûte 1 fr. à 1 fr. 25 cent. ; en voici le détail pris sur une exploitation où ils faisaient quatre repas par jour : déjeuner, 2/3 de livre de pain, 1/3 de litre de vin — dîner, 1 livre de pain, 1/3 de livre de viande, 1/2 litre de vin — goûter, 2/3 de livre de pain, 1/3 de litre de vin — souper, 1 livre de pain, 1/3 de livre de viande, 1/2 litre de vin — en tout, 3 livres 1/3 de pain à 15 cent., 1 litre 2/3 de vin à 15 cent., 2/3 de livre de viande à 40 cent.; ou bien l'équivalent, ce qui vaut 1 fr. 5 cent. En ajoutant l'apprêt et accessoires, cela revient au plus à 1 fr. 25 cent. Mais nous observerons qu'il est peu d'habitations où l'on fasse ainsi quatre repas par jour ; aussi presque partout la nourriture d'un homme est évaluée à 1 fr. par jour.

Transport d'argent. — Le transport d'argent de France en Algérie est facile et peu coûteux, car les négociants d'Afrique ayant des paiements considérables à effectuer en France, les mandats sur France sont fort recherchés, surtout les mandats sur le trésor, qui sont considérés comme argent comptant. On peut donc prendre chez un receveur général des mandats à un mois de vue sur le trésor de Paris, et à son arrivée en Algérie on effectue ses paiements par leur moyen; seulement il faut avoir soin, quand il s'agit d'une forte somme, de la diviser en plusieurs mandats de 1000 fr. à 5000 fr., parce que les grosses traites sont difficiles à placer.

Les billets de la banque de France sont acceptés, mais avec un 1/2 pour cent de perte. Les principaux banquiers d'Alger sont MM. Gugenheim, Usslaub et compagnie, rue Boutin, et M. Lichtlin, rue de la Révolution; les notaires peuvent aussi trouver moyen de placer les billets que l'on veut changer.

Transport des voyageurs. — Comme la traversée de Paris à Alger est celle que suit le plus grand nombre, ou à laquelle il se rattache, nous exposerons rapidement quelques renseignements sur son prix et sa durée. Le voyage de Paris à Lyon s'effectue en trente-six ou quarante heures, et coûte 37 à 50 fr.; tous les jours de Lyon, à cinq heures du matin, des bateaux à vapeur partent sur le Rhône et vous débarquent à Avignon de trois à quatre heures du soir : les places sont de 15 et 20 fr.; à sept heures ou sept heures et demie du

soir, plusieurs voitures partent d'Avignon pour
Marseille, où elles arrivent de sept à huit heures
du matin : leur prix est de 8 à 12 fr. ; enfin, à Marseille, les 1er, 5, 11, 15, 21 et 25 de chaque mois,
il part un paquebot pour Alger ; il en part également de Toulon les 10, 20 et 30 de chaque mois,
mais ce sont des paquebots de l'État, où l'on est
fort mal et fort chèrement. Les prix de la traversée
par les paquebots de Marseille sont de 105, 80 et
50 fr., selon les places et non compris la nourriture pendant le voyage. La traversée dure de qua-
rante-huit à soixante heures, suivant les temps et
les vents. Le voyage de Paris à Alger dure ainsi de
six à sept jours.

Pour pouvoir s'embarquer, il faut déposer son
passeport entre les mains de l'administration des
paquebots ; à Alger, le capitaine du navire remet
tous les passeports à la police, qui les conserve
et ne les rend que lorsque vous voulez vous rem-
barquer. On vous remet, pour votre séjour, une
carte dite de sûreté, que vous devez aller chercher dans les trois jours de votre débarquement.

Arrivé dans le port d'Alger, le navire est assailli
par les barques des Maures ou des Espagnols, qui
vous mènent sur le quai avec vos effets, puis vous
trouvez les portefaix tout prêts pour vous conduire à votre hôtel ; ces portefaix sont des indigènes de la tribu des Biskris, hommes laborieux

ressource des chevaux de location, qui coûtent de 5 à 6 fr. par jour.

On ne peut quitter l'Algérie sans s'être fait inscrire trois jours francs avant celui de son départ sur le tableau affiché à cet effet à la Police, qui, du reste, ne vous remet votre passeport que quelques heures avant de partir. Les paquebots partent d'Alger les mêmes jours que de Marseille.

Demandes de concessions. — Ceux qui veulent obtenir des concessions rurales en Algérie, doivent adresser une demande au ministre de la guerre, par l'entremise du préfet, en y joignant un certificat authentique sur leur moralité, leur profession, leur âge, le nombre et l'âge de leurs enfants, la quotité des ressources pécuniaires dont ils peuvent disposer. On délivre en même temps que la concession un permis de passage gratuit pour toute la famille, de Marseille ou de Toulon pour Alger.

FIN.

NOTES.

NOTE 1.

Le gouvernement s'efforce d'activer l'extension de la colonisation en échelonnant des centres nouveaux de population européenne. Nous apprécierons ici brièvement les idées qu'il a suivies, ses efforts et leurs résultats.

Les essais désastreux de Baba-Ali, la longue et pénible formation de Dely-Ibrahim et de Kouba, témoignent assez que, jusqu'en 1841 inclusivement, l'administration n'apporta aucune attention sérieuse à ces fondations. Au commencement de 1842, sur un rapport du directeur de l'intérieur en Afrique, on dressa le projet suivant;

L'administration devait déterminer des villages, les entourer d'un fossé et d'une enceinte, y amener des eaux, y construire un corps-de-garde; puis, à chaque famille qui se présenterait, elle devait concéder gratuitement un lot de terre dans l'enceinte pour y construire, et 4 à 10 hectares au dehors pour y cultiver; plus, des matériaux de construction pour une valeur de 600 fr., laissant du reste à chacun la charge de bâtir sa maison, de défricher son terrain et des frais d'installation. Beaucoup d'esprits sentaient l'insuffisance de ce système, on leur répondait par la parcimonie des chambres. M. le colonel Marengo, disposant de la grande ressource des condamnés militaires, en fit le plus heureux emploi pour tenter une nouvelle méthode. Il employa tout l'hiver de de 1842-43 à travailler avec eux en un endroit assez éloigné d'Alger, nommé Boukandoura, dans un canton difficile, où nulle culture n'avait encore pénétré. Au commencement du printemps on y vit s'élever un joli village, appelé Saint-Ferdinand, entouré de terres en culture, et dominé par une maison de plaisance ; tout était préparé pour recevoir de nombreux colons. Une pareille expérience modifia beaucoup les projets; on résolut désormais de préparer les villages de cette manière, et d'y livrer aux colons une maison et des terres défrichées, moyennant une somme de 1,500 fr.; ce fut un progrès sensible, sans pourtant remplir peut-être toutes les conditions d'une bonne et prompte colonisation ; mais c'était tout ce que pouvait permettre le faible crédit du budget, qui ne consacre que 700,000 fr. par an aux travaux de colonisation. (Car il est bon que ce fait soit bien connu, pour répondre à tous les détracteurs qui accusent la colonie d'être si onéreuse, et de progresser si peu ; ce qu'il y a d'onéreux, c'est une guerre très-dispendieuse, et il n'est point très-sûr que cette guerre soit ainsi faite dans l'intérêt de l'Algérie plutôt que dans un autre.) Quoi qu'il en soit, on doit rendre cette justice, que l'administration intelligente et expérimentée de M. Urtis, le nouveau chef de la colonisation à Paris, a vivement développe le mouvement de l'Algérie.

Depuis quelques mois on a mis en œuvre un nouveau moyen : si un particulier veut établir un village sur ses terres, on donne une prime de 1,000 fr. à chaque famille, comme nous l'avons expliqué, partie III, chap. 3.

Énumérons maintenant les efforts tentés par ces divers systèmes. On a fondé, avant 1842, quatre villages européens, Dely-Ibrahim, Kouba, Douëra, Bouffarik. En 1842, Draria, El-Achour, Cheraga; en 1843, Ouled-Fayet, Saint-Ferdinand, Sainte-Amélie, Sidi-Soliman, Baba-Hassen.

Dely-Ibrahim sort tout à fait de sa première écorce. Ses habitants, favorisés par leur position sur la route de Blidah, ont acquis une certaine aisance ; des constructions plus solides et plus considérables succèdent aux misérables chaumières de l'installation ; placées au milieu de ce pays d'Afrique, ces habitations tout européennes, dominées par le joli clocher de l'église, qu'on a dernièrement élevée, donnent au paysage une physionomie des plus pittoresques, et qui, par les souvenirs, émeut profondément le cœur. Kouba fut plus longtemps languissant et misérable ; mais enfin, les maisons restaurées, l'activité qui s'y déploie, l'air d'aisance et de prospérité qu'on y trouve, témoignent que Kouba s'avance hors de la période de sa première enfance. Le gouvernement

n'y avait point encore établi d'église, le dévouement d'un né-
gociant d'Alger y a suppléé; il a acheté une maison qu'il a
convertie en chapelle.

Douëra et Bouffarik, échelonnés plus avant sur la route de Blidah, ne sont point encore dans la sphère de colonisation actuelle;
ils ont en outre été établis sur une grande échelle, ce qui leur a
singulièrement nui. Cependant Douëra, qui touche presque aux
derniers villages formés, a pris cette année un certain élan.

Parmi les nouvelles fondations, Draria, El-Achour, Chéraga,
Ouled-Fayet, ont été formés d'après les plans de l'administration;
Saint-Ferdinand et Sainte-Amélie, d'après le système du colonel Marengo; quant à Sidi-Soliman et Baba-Hassen, nous
pensons que l'on y aura suivi au moins en partie ces dernières
idées.

La population est déjà installée depuis près de deux ans à Draria et à El-Achour, depuis un an à Cheraga, depuis huit mois à
Ouled-Fayet. Saint-Ferdinand a reçu, il y a quelques mois, toute
une population de Basques. Nous ignorons encore à quel point en
sont les trois derniers villages.

Sept autres villages sont de plus à l'état de projet : Sidi-Fer-
ruch, Staouëli, Ouled-Mendil, Maëlma, El-Hadjer, Ouled-Yaich,
Douaouda; ces trois derniers seront dans la Mitidja, deux vers
Blidah, un vers Koléah.

Quelques particuliers se proposent de profiter des primes of-
fertes par le gouvernement pour fonder chez eux des villages; déjà
MM. de Vialar et Caussidoux en ont commencé un.

L'administration militaire a fait aussi quelques créations de villages, au moyen des militaires qui, à la fin de leur service, veulent
profiter des avantages qui sont offerts à ceux qui restent en Algérie (une concession de terre avec maison, et une dot pour leur
femme); c'est Aïn-Fouka, près de Koléah, et Beni-Mered,
entre Bouffarik et Blidah; on parle aussi d'en établir un troisième
à Mebdonah. On pourrait étendre et utiliser davantage cette
méthode.

Outre toutes ces fondations nouvelles, il existait déjà autour
d'Alger quelques centres de populations, ou agglomérations d'habitations, dont nous avions fait des communes; ainsi Mustapha-
Pacha, délicieux amphithéâtre qui fait face à la mer, et que couvrent tant de maisons de plaisance; Hussein-Dey, Birmandreïs,

dont le charmant vallon deviendra tôt ou tard un séjour pittoresque et recherché; Birkadem, Kaddous, El-Biar, Pointe-Pescade, et Boudjaréah.

En résumé, sept communes anciennement formées, quatorze de formation purement européenne, huit autres en projet, forment, avec les trois villes d'Alger, Blidah et Koléah, l'ensemble actuel de la circonscription d'Alger. Parmi les établissements actuellement formés, dix-huit sont dans le Massif d'Alger, six dans la Plaine de la Mitidja.

NOTE 2.

Les pères trappistes du couvent d'Aiguebelle (Dauphiné), aidés des secours du gouvernement, qu'ils doivent rembourser dans un certain délai, fondent en ce moment, à Staouëli, un nouveau couvent. Le 15 septembre 1843, monseigneur Dupuch, évêque d'Alger, et M. le maréchal Bugeaud, ont posé la première pierre. Cette pierre était une pierre romaine ; elle fut assise sur un lit de boulets provenant de l'expédition de 1830; car le couvent est établi à l'endroit même où l'armée française avait établi une redoute. Cette cérémonie fut d'autant plus touchante, que l'un des pères trappistes avait fait partie de cette expédition et travaillé à cette même redoute.

Les bons pères n'ont point failli à leur mission, malgré la maladie qui les a presque tous éprouvés dans ce lieu qui n'était point très-sain ; ils ont continué avec assiduité leurs travaux ; et ont accompli une œuvre des plus féconde en résultats, en adoptant et élevant au milieu d'eux, trois cents enfants arabes que la guerre avait rendus orphelins. Dès que leur installation sera terminée, ils commenceront leurs cultures et leurs plantations, et on doit espérer que ces défrichements, exécutés par le dévouement chrétien, porteront les mêmes fruits que les défrichements exécutés dans la Gaule par les enfants de saint Benoît.

NOTE 3.

M. de Montagu a déjà complétement rétabli sa ferme d'Haïssous, à six lieues d'Alger, canton de Béni-Mouça ; deux familles européennes y sont installées, et cultivent à moitié. La ferme de M. Vialar, près la Ferme-modèle, doit être maintenant réinstallée avec des colons espagnols. MM. de Saint-Guilhem et Chopin doivent incessamment relever leurs exploitations, etc., etc.

Parmi les nouveaux venus, nous ne pouvons citer que le nom de M. Borelli, qui doit fonder un grand établissement dans la Plaine. Nous avons ouï parler de plusieurs autres ; nous avons causé avec quelques-uns, mais leurs noms nous sont inconnus ou nous échappent. Qu'il suffise de dire que beaucoup de demandes de concessions, appuyées sur des capitaux de 50 à 200,000 fr., sont en ce moment déposées au ministère de la guerre.

NOTE 4.

Le gouvernement crut et croit encore faire pour le mieux en exemptant de droits l'importation des grains comme denrée de première nécessité. C'est en grande partie à cette mesure, qui maintient le prix du blé plus bas qu'en France, qu'il faut attribuer le peu de propension des colons pendant quelques années pour la culture des céréales. Pour nous, nous pensons que l'administration est dans l'erreur : on veut, en effet, atteindre le plus bas prix possible pour le pain, afin de faciliter l'existence des colons ; mais une pareille considération devait avoir peu d'importance dans un pays où les salaires sont extrêmement élevés, et l'on n'a pas assez réfléchi que, cette élévation des salaires rendant la culture plus dispendieuse, il était peu rationnel d'abaisser le prix de la production : on empêche ainsi le développement des cultures et des travaux, faits bien plus essentiels et bien plus vitaux pour une colonie que le bas prix du pain. Mais cet avantage même que l'on se proposait n'a point été atteint ; car, en paralysant la production des colons, la fourniture est restée à la merci des importateurs étrangers ; et pour se garantir contre toute disette, on a été obligé d'exiger des boulangers d'Alger des approvisionnements énormes, à cause desquels on leur accorde un supplément de prix pour la vente du pain, qui vaut encore ainsi 20 c. le demi-kilogramme. Ne vaudrait-il pas bien mieux frapper les mêmes droits de douane qu'en France, et trouver dans le pays des ressources alimentaires qui mettraient à l'abri de toute inquiétude ?

Quant à l'influence du blé arabe, nous pensons qu'elle produirait peu de dépréciation si les importations étaient frappées de droit ; car le marché de Marseille pouvant offrir tout l'écoulement désirable, son prix réglerait, à peu de chose près, celui d'Alger.

NOTE 5.

Si nous faisons une différence entre les proportions d'accroissement du capital et du revenu, c'est qu'en Afrique la valeur capitale des immeubles ruraux surtout ne suit point du même pas le développement de celle des revenus ; mais cela s'éprouve plus particulièrement encore dans ces petites exploitations où l'industrie et la gestion du propriétaire entrent pour portion dans l'élévation du revenu.

NOTE 6.

Le bois de chauffage, à Alger, vaut, en qualités inférieures, comme le bois des défrichements, de 2 fr. à 2 fr. 50 c. le quintal. C'est le prix que paie un des fournisseurs des hôpitaux, et, en hiver, il monte plus haut. Or, à ces conditions, il suffit, pour couvrir 60 pour 0/0 des frais de défrichement, c'est-à-dire 90 fr., de trouver sur chaque hectare 40 à 45 quintaux de bois, ce qui n'est pas une quantité bien considérable.

NOTE 7.

Nous avons eu occasion de voir dernièrement, dans un journal,
que le prix mis en avant par M. Marengo était de 600 fr. l'hectare ; nous ne pouvons nous expliquer une pareille allégation de la
part d'un homme expérimenté, qu'en supposant qu'il calcule sur
un prix fort bas la journée des condamnés dont il dispose, et que,
de plus, il aura fait un prix moyen entre les terrains les plus
difficiles et ceux qui l'étaient moins.

NOTE 8.

On peut établir, en fait, que le défrichement est rarement dispendieux dans la Mitidja ; l'absence du palmier nain, la fréquence
des terrains complétement libres, réduisent les dépenses aux seuls
arrachis de bois. Or, tandis que, dans le Sahel, on ne rencontre
le bois qu'à l'état de broussailles dévastées par le feu et les bestiaux, très-souvent, dans la Mitidja (quand on y trouve du bois),
ce sont des bouquets d'arbres ou tout au moins des broussailles
plus fortes, mélangées d'arbrisseaux et de souches ; aussi la
superficie paie-t-elle amplement alors le défrichement. Il n'est
qu'un cas où l'on ait de fortes dépenses à faire dans cette plaine,
c'est lorsqu'il y a à exécuter quelques travaux d'assainissement ;
mais les terres que vous obtenez alors sont d'une qualité tellement supérieure et offrent tant d'avantages, qu'il y a une large
compensation.

NOTE 9.

Ce n'est pas qu'il y eût perte on mauvaise opération à faire une
acquisition considérable dans le Massif, même à un prix élevé; mais
d'abord on restreindrait ses bénéfices pour l'avenir, puisqu'on
achèterait le sol et le droit de propriété à un prix relativement

beaucoup plus cher ; ensuite ce serait détourner ses capitaux de leur destination véritable ; l'acquisition dans le Massif ne serait plus alors une succursale par mesure de prudence, mais le lieu où serait employée la plus grande partie des fonds ; les forces de l'entreprise seraient non plus consacrées à développer le plus possible d'exploitations et de travaux, mais enfouies pour la plus grande partie dans le prix du terrain.

NOTE 10.

Les bestiaux des Arabes couchent toujours en plein air, sans contracter pour cela plus de maladies ; mais on doit observer qu'ils sont ainsi en pleine campagne, se réfugiant sous les arbres, et pouvant circuler ; dans nos cours, au contraire, étant obligés de rester sans abri contre la pluie, toujours au même endroit, et dans une boue liquide, leur position serait plus fâcheuse. Néanmoins plusieurs Européens ont eu ainsi beaucoup de bestiaux sans trop d'encombre ; mais on pense communément qu'il est plus prudent d'appuyer à l'intérieur, contre les murs d'enceinte, des hangars légers en appentis, simplement abrités en planches et tout ouverts, où les bestiaux puissent se réfugier ; c'est du reste une mesure peu dispendieuse.

NOTE 11.

Les trois côtés de l'enceinte et les deux longs pans de la maison, donnent cinq murailles ayant chacune 50 pieds de long sur 10 de haut, et 1 pied 1/2 d'épaisseur, ce qui produit un peu plus de 135 mètres cubes de maçonnerie ; si l'on y joint les deux pignons de la maison, de 10 pieds de hauteur chacun, et trois murs de refend pour diviser l'intérieur, on complète les 181 mètres cubes que nous avons énoncés.

Les 10 st. 8 cent. de charpente se composent de ce qui suit : quatre poutres de 15 pieds de long, 1 pied de haut sur 5 pouces de

large, forment 28 pieds cubes ; soixante-cinq solives de 11 pieds
de long, équarries de 5 pouces sur 3, forment un peu moins de
77 pieds cubes ; huit arbalétriers, longs de 13 pieds, [équarris de
5 pouces sur 5, forment un peu moins de 14 pieds cubes 3/6 ;
huit jambes de force, longues de 10 pieds, équarries de 5 pouces
sur 4, forment environ 10 pieds cubes 1/2 ; quatre tirants de
5 pieds de long, et quatre poinçons de 4 pieds de long , équarris de 6 pouces sur 6, forment 9 pieds cubes; dix filières ou
pannes de 11 pieds de long, équarries de 5 pouces sur 4, forment
environ 15 pieds cubes 2/6 ; cinq faîtières de mêmes dimensions,
forment 7 pieds cubes 4/6 ; cinquante chevrons de 15 pieds de
long, équarris de 4 pouces sur 4, forment 83 pieds cubes 1/3
(ces chevrons se scient diagonalement et en forment ainsi cent).
Le total des pièces de bois ci-dessus énumérées est de 245 pieds
cubes 2/6 ; nous y ajoutons pour liens, menues pièces et déchets,
45 pieds cubes 4/6, ce qui forme 291 pieds cubes, ou 10 st. 8 cent.,
comme nous l'avons porté dans le texte.

NOTE 12.

Quelques personnes pourront s'étonner d'une si petite proportion de chaux ; mais nous ferons observer que la terre rouge dont
on se sert pour bâtir est si propice à cet usage, qu'elle ne réclame
qu'une faible partie de chaux ; beaucoup de personnes même
l'emploient seule en la délayant seulement avec un peu d'eau de
chaux.

NOTE 13.

Nous portons un chiffre pour le transport des matériaux, quoique nos propres voitures dussent accomplir ce service, pour tenir
compte d'abord de nos frais de charretiers et de voitures, et parce
que souvent nous serons obligés de nous adjoindre des transports
de location ; cependant nous ne portons qu'un prix faible , car
avec un peu de prévision nos voitures devront effectuer pres-

que tous les transports, et le prix des voitures louées, réparti sur
tous les matériaux, ne pourra donner ainsi qu'un faible chiffre.
Toutes ces réflexions s'appliquent de même aux matériaux qui
suivent, charpentes, tuiles, etc. ; mais nous ferons remarquer ,
particulièrement pour les matériaux de maçonnerie, que ceux-ci
devant se trouver sur le lieu même ou peu éloignés, nous avons
porté leur prix de transport beaucoup moins haut.

NOTE 14.

Dans le rapport sur la colonisation, adressé au ministre de la
guerre en 1842 ou 1843 par M. Guyot, directeur de l'intérieur à
Alger, cette évaluation était faite à propos de diverses constructions, et notamment des murs d'enceinte de Douëra. Le mètre
courant d'une muraille de 12 pieds de haut sur 1 pied 1/2 d'é-
paisseur, était estimé 30 fr. ; or ce mètre courant contient
2 mètres cubes.

NOTE 15.

On doit cependant rendre cette justice que le campement des
troupes a reçu en Algérie les améliorations les plus notables depuis quelques années; les combinaisons les plus ingénieuses ont
permis d'accorder aux soldats beaucoup plus de facilités qu'avant,
en économisant néanmoins des transports ; mais ils restent cependant encore exposés à beaucoup d'intempéries et de conditions
morbifiques. Quelques-unes sont inévitables dans un pays qui
souvent ne présente aucun abri ni aucune ressource, où les
transports sont excessivement difficiles, et où les mouvements
doivent être prompts et sans entraves. Mais quelques autres semblent inexcusables; ainsi, lorsqu'on envoie un régiment en
Afrique, au lieu d'en envoyer indistinctement tous les hommes,
on pourrait les faire choisir par les médecins; près d'un tiers de
ceux que l'on expédie courent à une mort certaine par la faiblesse
de leur constitution ; c'est ainsi qu'on encombre les hôpitaux et

les ambulances, ils grèvent l'État de lourdes dépenses, ils embarrassent les expéditions, et finissent par fournir ce chiffre déplorable de morts qu'on a tant reproché à l'Algérie. Donc, avec quelques précautions, l'armée serait plus forte et plus disponible avec un moindre nombre d'hommes et de moindres dépenses, et l'on aurait épargné la vie de beaucoup d'utiles citoyens. On pourrait ainsi prendre quelques mesures pour prévenir les dangereux effets des débauches des soldats au retour des expéditions, soit en retenant une partie de la solde pour former une masse, soit en employant davantage l'armée aux travaux publics, soit par des prescriptions réglementaires. Nous n'osons pas parler de retenir les passions par la religion et la morale; car il faudrait alors faire remonter les réformes beaucoup trop loin et beaucoup trop haut. Les mesures susdites seraient d'autant moins difficiles à prendre que nous avons entendu des soldats, et même des zouaves, reconnaître que c'était là en grande partie la source de leurs maladies les plus graves.

NOTE 16.

Les faneurs sont des Kabyles qui descendent des montagnes à cette époque; ce fanage s'exécute rapidement, à cause de la grande chaleur; d'ailleurs il est important d'emmeuler le foin encore un peu frais, afin qu'il ressue dans la meule; de cette manière, le foin est encore frais quand on le bottelle au moment de le livrer, il perd moins de son poids par la chaleur, et est moins raide; lorsque l'on entame les meules, il faut agir promptement et livrer de même; car une bouffée de sirocco (vent du sud) aurait bientôt enlevé la moitié de la pesanteur de votre foin en le desséchant comme de la paille.

NOTE 17.

Telle est la nourriture fort simple de tous les indigènes, un pain large comme deux fois la main, et de l'eau pour boisson; en hiver des figues sèches, et en été des figues de Barbarie. Les jours de régals ils ajoutaient à leur pain un peu d'huile; plusieurs Européens les habituent maintenant à prendre cette petite jouissance tous les jours.

NOTE 18.

Le monopole du tabac n'existe point en Algérie, de sorte que chacun est libre de cultiver le tabac en telle quantité qu'il le veut.

NOTE 19.

La charrue mahonnaise ne coûte que 15 fr.; elle n'a pas de roues, et n'est, à proprement parler, qu'un soc adapté au bout d'un ou plusieurs morceaux de bois; les laboureurs habitués à s'en servir savent fort bien réparer eux-mêmes, au moyen de la première branche d'arbre, ce qui peut s'y casser. Les réparations des charrues ordinaires sont, au contraire, très-coûteuses, une perche à remettre se paierait environ 20 fr.; un denteau 6 fr.; ainsi du reste.

NOTE 20.

Il est d'expérience, en effet, que les Arabes coupent fort peu dans leurs dévastations, mais se contentent de mettre le feu. Ils détestent tellement tout travail suivi, que pour se procurer le bois qu'ils amènent aux marchés sur leurs ânes, ils incendient une grande étendue de broussailles, puis ramassent et éteignent les gros morceaux qui ne sont pas consumés. On voit donc, qu'en espaçant convenablement les plantations, on obtient le double avantage de faciliter la culture du dessous, et de les garantir presque entièrement contre la destruction.

NOTE 21.

Le chiffre de 20 fr., déterminé dans le prix de revient du coton, comme loyer d'un hectare de terre, représente ce loyer, qu'il faut bien distinguer du produit net. Le loyer, pour le fermier, c'est le prix qu'il paie par hectare pour avoir le droit de l'exploiter ; pour le propriétaire, le loyer d'un hectare c'est l'intérêt des sommes que cet hectare lui a coûté ; le surplus du produit net, dans les deux cas, constitue le bénéfice : le loyer est donc le prix de revient annuel de chaque hectare brut, tant pour le fermier que pour le propriétaire ; et c'est à ce point de vue que l'administration se place dans ses appréciations de bien ruraux, et particulièrement ici, ainsi qu'il résulte de la mention qu'elle fait, à la fin, des bénéfices considérables que laisse encore à faire le prix de revient. Ces considérations expliquent la faiblesse comparative du chiffre de 20 fr. ; car les terres un peu éloignées d'Alger n'étant jamais placées en location, on a dû, pour évaluer leur prix de loyer, calculer l'intérêt du prix capital qu'elles pouvaient coûter tant par leur défrichement que par la répartition des frais d'établissement de toute nature. On a donc évalué à 200 fr. le prix de revient de chaque hectare dans une exploitation mise en valeur, ce qui porte son loyer, en Afrique, à 20 fr. Nous ferons observer que, d'après ce calcul, une exploitation de 200 hectares, complétement en état, n'exigerait, plantations non comprises, qu'un déboursé de 40,000 fr., chiffre inférieur à ceux que nous avons présentés.

NOTE 22.

Cette plante (l'agave) peut fournir même un produit assez singulier ; au moment où son jet commence à partir, si on le coupe, et que l'on forme autour du tronçon une sorte de coupe, on parvient en quelques jours à recueillir une liqueur qui contient une forte proportion d'alcool.

NOTE 23.

Nous ne comptons que 80 hectares pour la récolte à la troisième année, quoiqu'il y en ait 120 de portés aux défrichements; c'est que ce surplus de 40 hectares n'ayant été défriché que dans l'année, il serait à craindre que l'on n'ait pas eu le temps de le cultiver et semer utilement. Mais il n'en faut pas moins observer que, dès l'année suivante, sans faire aucuns frais de plus, les revenus se trouveraient augmentés du produit de ces 40 hectares, c'est-à-dire environ de 4,000 fr.

NOTE 24.

Un bon cheval de trait ne coûte, en Algérie, que 800 fr.; au delà on aurait avantage à les faire venir de France, leur passage ne devant revenir que de 100 fr. à 200 fr., y compris le voyage de terre. Un bon mulet coûte 800 fr. à 1,000 fr.; on pourrait donc avec 3,000 fr. se procurer quatre chevaux ou trois mulets, ce qui serait bien suffisant, en y joignant surtout les facilités que les bœufs offrent, en outre, pour les transports.

NOTE 25.

On se sert beaucoup en Algérie de petites voitures fourragères à quatre roues, fort commodes pour les attelages de bœufs; elles coûtent, toutes neuves et convenablement montées, 400 fr.; un tombereau à deux roues, solidement établi, revient également neuf à 400 fr.; les charrues mahonnaises coûtent 15 fr. pièce; les charrues de France valent, en prix moyen, 80 fr. l'une; une brouette vaut 20 fr.; les piothes, bêches, pies, tout montés, valent 7 à 8 fr.; une faux, 5 fr., etc., etc.

Un lit de fer commun vaut 30 fr.; un matelas, 20 fr.; une couverture, 10 fr.; chaises, 1 fr. 50 cent.; tables, 10 fr. pièce, etc.

On voit, sans entrer dans plus de détails, que le chiffre de 3,000 fr. est plus que suffisant pour monter le mobilier aratoire nécessaire.

NOTE 26.

Pour ne citer ici que les travaux publics, remarquables par la solidité et la beauté de leur exécution, dans la seule province d'Alger, nous mentionnerons l'hôpital civil de la rue Babazoun, la caserne de la rue de la Marine, celle du train à Babazoun, le magasin des subsistances dans le même faubourg, le palais du gouverneur, le magnifique hôpital militaire de la Casbah, la jetée du port et ses quais, le lazaret, les routes de Blidah par Dely-Ibrahim et Douera, celle par Birkadem et Tixeraïn, celle de Kouba, celle du Fondouk par la Maison-Carrée, celle de Koleah, celle de Milianah, et toutes les routes et constructions faites pour les nouveaux villages.

Les particuliers ne sont point restés en arrière de ce mouvement : depuis longtemps la place du Gouvernement, les rues Babazoun, de la Marine et Babel-Oued, sont bordées de constructions européennes, qui souvent, tel que le pourtour de la place du Gouvernement, ne dépareraient point les plus beaux quartiers de Paris ; puis se sont élevées les maisons de la place de Chartres, de la rue de Chartres, et de tout le quartier voisin. Enfin, depuis un an à peine, en même temps que les constructeurs européens pénétraient dans la haute ville, et commençaient aussi à déblayer le quartier des Consuls, une ville nouvelle surgissait au faubourg Babazoun ; des rues, des places, s'y formaient comme par enchantement, et le voyageur, après six mois d'absence, trouvait des maisons à quatre et cinq étages, là où il n'avait laissé que des terrains incultes, couverts de cactus et de palmiers-nains. Joignez à toutes ces choses les constructions multipliées, exécutées à Delhi-Ibrahim, à Douera, à Blidah, à Bouffarik, toutes celles des nouveaux villages, les nombreuses exploitations du Massif, et celles qui commencent dans la Plaine, avec leurs travaux et plantations, et vous formerez grossièrement l'ensemble des intérêts publics et privés, actuellement consolidés dans la seule province d'Alger, ensemble qui dépasse peut-être 20 millions de francs. Telle est déjà l'importance de nos établissements.

Nous terminerons ces notes, en citant quelques phrases extraites de William Shaler, consul général des États-Unis à Alger; ce livre parut, en 1823, alors que la France ne songeait guère à conquérir l'Algérie, et nous en conseillons vivement l'intéressante lecture.

«..... Si cette partie de l'Afrique (les côtes barbaresques) était la propriété d'un peuple actif et civilisé, elle pourrait, même dans la génération présente, aspirer à la plus grande prospérité et à la gloire de civiliser ce vaste continent..... La position d'Alger paraît être le seul point que l'on devrait choisir pour arriver à un but aussi important..... Outre les grands avantages qu'offre la régence d'Alger pour former des plantations, elle peut se prêter aux développements d'un grand empire. En effet, cette partie de la Barbarie fournirait plus de blé, de vin, d'huile, de soie, de laine, de bestiaux, que toute autre contrée; on verrait renaître le commerce intérieur de l'Afrique..... Et peut-être produirait-elle, dans l'état social des nations, une révolution aussi importante que celle qui résulta pour l'Europe de la découverte et de la colonisation de l'Amérique. » (*Esquisse de l'état d'Alger;* William Shaler.)

FIN DES NOTES.

TROISIÈME PARTIE.

CHAPITRE PREMIER.

CHAPITRE II.

CHAPITRE III.

APPENDICE.

FIN DE LA TABLE.